农业农村部农民教育培训规划教材
中国工程院科技扶贫职业教育系列丛书

实用肉牛养殖技术

李文贵 刘学洪 主编

中国农业出版社
北 京

图书在版编目（CIP）数据

实用肉牛养殖技术/李文贵，刘学洪主编．—北京：中国农业出版社，2021.5（2023.9 重印）
（中国工程院科技扶贫职业教育系列丛书）
农业农村部农民教育培训规划教材
ISBN 978-7-109-27672-7

Ⅰ.①实…　Ⅱ.①李…②刘…　Ⅲ.①肉牛—饲养管理—技术培训—教材　Ⅳ.①S823.9

中国版本图书馆 CIP 数据核字（2020）第 258782 号

SHIYONG ROUNIU YANGZHI JISHU

中国农业出版社出版
地址：北京市朝阳区麦子店街 18 号楼
邮编：100125
责任编辑：郭元建　　文字编辑：闫　淳
版式设计：杜　然　　责任校对：沙凯霖
印刷：中农印务有限公司
版次：2021 年 5 月第 1 版
印次：2023 年 9 月北京第 9 次印刷
发行：新华书店北京发行所
开本：850mm×1168mm　1/32
印张：3.5
字数：89 千字
定价：20.00 元

编写人员名单

主　　编　李文贵　刘学洪

副 主 编　亏开兴　段新慧　张继才

编写人员（按姓氏笔画排序）

亏开兴　刘学洪　刘绍贵　严红亚　李文贵

李海昌　杨　琴　宋春莲　张继才　陈培富

赵桂英　段新慧　舒相华　富国文

绘　　图　杨　莹

序

习近平总书记指出："扶贫先扶智"。我国西南边疆直过民族聚居区，农业生产资源丰富，是不该贫困却又深度贫困的地区，资源性特长与素质性短板反差极大，科技和教育扶贫是该区域脱贫攻坚的重要任务。为了提高广大群众接受新理念、新事物的能力，更好地掌握农业实用技术知识，让科学技术在农业生产中转化为实际生产力，发挥更大的作用，达到精准扶贫的目的，中国工程院立足云南澜沧县直过民族地区，开设院士专家技能培训班，克服种种困难，大规模培养少数民族技能型人才，取得了显著的成效。

培训班围绕澜沧地区特色农业产业，淡化学历要求，放宽年龄限制，招收脱贫致富愿望强烈的学员，把课堂开在田间地头，把知识融于技术操作，把课程贯穿农业生产全流程，把学员劳动成果的质量、产量和经济效益作为答卷。通过手把手的培训，工学结合，学员们走出一条"学习—生产—创业—致富"的脱贫之路，成为实用技能型人才、致富带头人，并把知识和技能带回家乡，带动其他农户，共同创业致富。

为了更好地把科学技术送进千家万户，送到田间地头，满足广大群众求知致富的需求，院士专家团队在中国工程院、云南省财政厅、科技厅、农业农村厅等单位的大力支持下，在充分考虑云南省农业产业特点及读者学习特点的基础上，聚焦冬季马铃薯、林下三七、蔬菜、柑橘、中草药、热带果树、农村肉牛、肉鸡蛋鸡、生猪等具体产业，编著了"中国工程院科技扶贫职业教育系列丛书”共15分册。本套丛书涉及面广、内容精炼、图文并茂、通俗易懂，具有非常强的实用性和针对性，是广大农民朋友脱贫致富的好帮手。

科学技术是第一生产力。让农业科技惠及广大农民，让每一本书充分发挥在农业生产实践中的技术指导作用，为脱贫攻坚和乡村振兴贡献更多的智慧和力量，是我们所有编者的共同愿望与不改初心。

丛书编委会

2020年6月

前　言

畜牧业是我国广大农村重要的经济来源。肉牛养殖的市场前景好，是畜牧业的重要组成和农民增收致富的重要途径。传统肉牛养殖多为散养，管理方式粗放，从业人员文化水平往往不高、学习能力有限，缺乏畜牧兽医专业知识，难以取得较好的经济效益，影响了农民增收与脱贫致富。随着我国肉牛养殖业逐渐向规模化、集约化转型，肉牛养殖过程中的疾病发生更加频繁，饲养、管理技术要求更高。从业人员只有与时俱进，不断提升业务能力，才能适应现代肉牛养殖业发展的新形势。

本书是编者近年来在中国工程院云南省普洱市澜沧拉祜族自治县院士专家服务站和云南省各地科技帮扶、养牛技能培训等工作中总结经验逐步形成的。针对农村养殖基础设施落后、农民文化水平低、专业知识匮乏的情况，结合现代肉牛养殖理念，以图文并茂的方式，简明扼要地介绍了牛大体解剖、生理和体型结构；肉牛的品种选择、个体选购、繁殖、育肥和饲喂等实用技术；牛的尸体剖检、保定、给药等临床治疗方法；传染病、寄生虫病及内外产科常见疾病的诊疗内容。有较强的实用性和可操作性，可用于农村广大养牛户、肉牛养殖企业技术人员学习实践，也可供基层兽医工作者参考。

本书编写过程中得到了云南省科学技术厅、云南省草地动物科学研究院、云南省农业职业技术学院、昆明市科学技术局、澜沧拉祜族自治县职业高级中学等单位的大力支持；得到了云南省重点新产品开发计划——云南地区主产中药材猪用中兽药饲料添加剂研发及应用（2016BC014），昆明市科技创新要素集聚计划——昆明市猪病防治重点实验室（20191A24610）、昆明市动物疫病防控技术科技创新中心（20191N25318000003525）等项目的支持；得到了云南农业大学动物医学院同仁和各界朋友的关注和厚爱，在此一并表示衷心感谢。

由于水平有限，书中难免有不足和错误之处，敬请广大读者批评指正。

编　者

2020年7月

目录

第一章　肉牛养殖基本知识

一、牛的家族

家养的牛有普通牛、瘤牛、水牛和牦牛四大类（图 1-1）。根据用途，普通牛可以分为奶牛、肉牛和兼用牛，传统上，黄牛被认为是役肉兼用牛。

图 1-1　四大牛类

瘤牛（图 1-2）属于热带牛种，著名的瘤牛品种是婆罗门牛。牦牛是适应高海拔的牛种，大多分布在海拔 3 000 米以上的高原地区（图 1-3）。

图 1-2　瘤　牛

图 1-3　牦　牛

肉牛是经过培育，专门用来生产牛肉的牛，有很多品种，大多数是由普通牛培育的，少数由瘤牛培育（图 1-4）。

过去黄牛用来耕地，现在也作为肉牛来饲养。但是，与专门的肉牛品种相比，黄牛的产肉能力要低很多。云南某些地区，比如德宏傣族景颇族自治州、西双版纳傣族自治州，水牛也作为肉牛来饲养。牦牛产奶、产肉、耕地兼用，云南省的牦牛主要分布在迪庆藏族自治州。

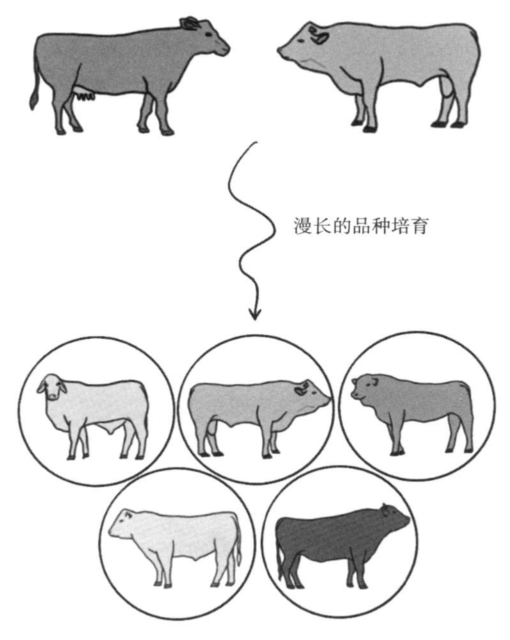

图 1-4 肉牛品种培育

水牛与其他三类牛之间不能杂交产生后代；普通牛与瘤牛、牦牛间可以杂交繁殖后代，但普通牛与牦牛的低代杂种公牛（1～4 代）没有繁殖能力。

二、肉牛养殖收益

饲养肉牛的目的是获取经济收益。饲养繁殖母牛的收益来自出售犊牛或者架子牛。1 头母牛生下第一头犊牛后，正常情况下以后每年生 1 头犊牛，管理较差的情况下是 3 年产 2 头犊牛（图 1-5）。

饲养育肥牛收益来自出栏的活牛或者屠宰后的牛肉。从市场购入架子牛，经过 3～6 个月不等的育肥，育肥了的牛可以卖活牛，也可以屠宰后卖牛肉（图 1-6）。

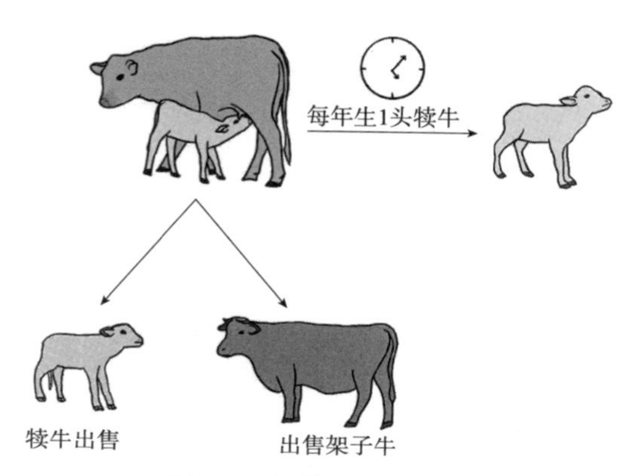

图 1-5　饲养母牛的收益

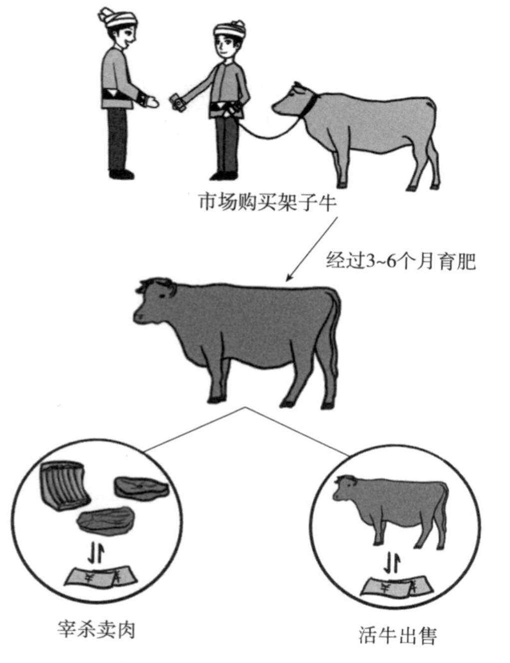

图 1-6　架子牛育肥的收益

三、肉牛消化系统结构及消化特点

牛是反刍动物，与猪等单胃动物相比，肉牛消化系统结构及消化有以下特点。

（一）牛的门牙

肉牛没有上门齿，下颌门齿有4对8颗（图1-7）。门齿结构不但与牛的采食行为特点有关，而且与牛的年龄有重要关系。

图1-7　牛下颌的4对门齿

（二）牛的胃

牛有4个胃，分别称为瘤胃、网胃、瓣胃和皱胃，皱胃也称真胃（图1-8）。

1. 瘤胃　瘤胃在牛腹部的左侧，是4个胃中最大的（图1-9），成年牛瘤胃的容积占4个胃总容积的80%以上。瘤胃是牛所吃下的粗饲料发酵的场所，秸秆等粗饲料在瘤胃中通过微生物发酵分解出可以被牛吸收的营养物质。瘤胃微生物能合成B族维生素、维生素K及维生素C。瘤胃中微生物的发酵过程会有气体产生，正常情况下牛通过“嗳气”排出体外，如果排出不畅或者产气过多，会发生臌气病。

2. 网胃　网胃内表结构似蜂巢，所以又称蜂巢胃，其功能如同筛子，会将随饲料吃进去的重物如钉子、铁丝等存留其中。

3. 瓣胃　瓣胃内表结构如风扇叶片，其功能主要是吸收饲料内的水分，挤压磨碎饲料。

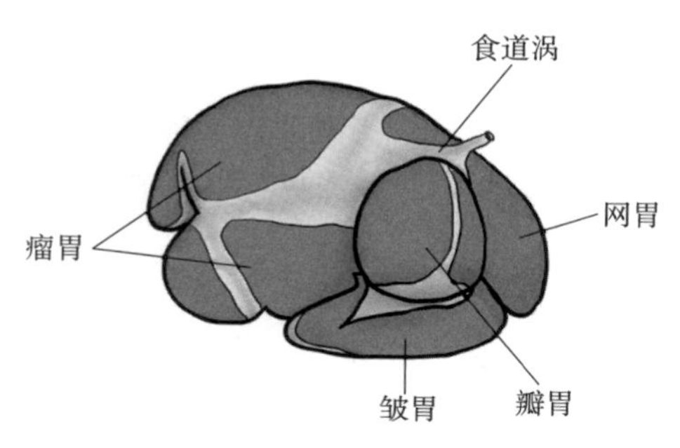

图 1-8　牛 4 个胃的构成位置和相对大小

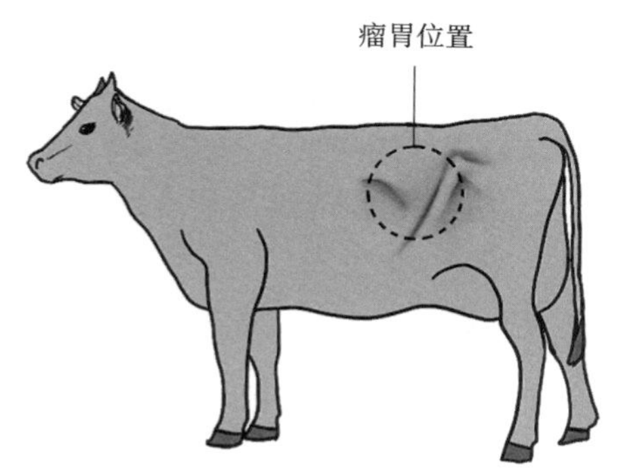

图 1-9　牛瘤胃的体表位置

4. 皱胃　皱胃的作用与单胃动物的胃相同，可分泌消化液与消化酶，消化在瘤胃内未消化的饲料和随着瘤胃食糜一起进入皱胃的瘤胃微生物（图 1-10）。

犊牛出生时，前 3 个胃体积很小，基本不具备消化功能，随着犊牛的生长和采食植物性饲料的增加，前 3 个胃不断发育，功能逐渐形成并完善，12 月龄时前 3 个胃完全达到成年牛的水平。

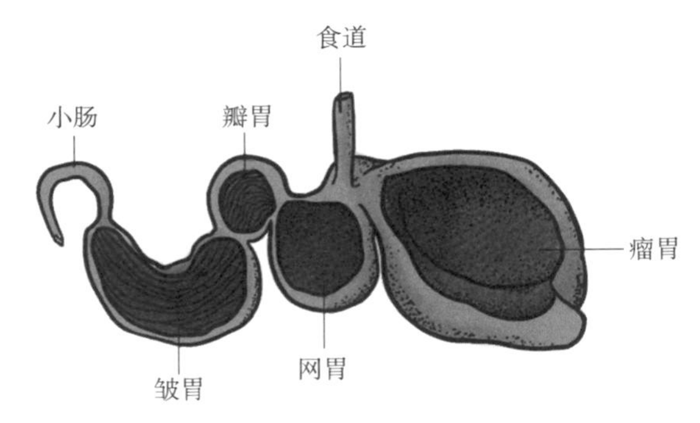

图 1-10　牛 4 个胃的内部结构

（三）采食与反刍

1. 采食特点　由于肉牛上颌无门齿，采食时靠舌卷唇助把草料送到口中，不经过充分咀嚼即将饲料咽入瘤胃内，易将混入饲料中的异物误食，引起创伤性网胃炎或心包炎。另外，牛不能啃食过矮的草，牧草高度低于 5 厘米时，放牧的牛不易吃饱。

2. 反刍　牛采食过程中，未经充分咀嚼，就将饲料吞咽入瘤胃，在瘤胃内经过一段时间的浸泡和软化，再逆呕返回口腔，重新咀嚼并混入唾液，重新咽下，这一过程称为反刍。健康的成年牛，一昼夜反刍 6～8 次，每次反刍持续时间 40～50 分钟。犊牛出生后 3 周开始吃草并出现反刍行为。反刍行为减弱或停止是牛患病的一种表现，较容易观察到。

第二章　肉牛舍建设与环境控制

一、肉牛舍的选址

为了人畜健康，肉牛舍应该独立建设，有足够的防疫隔离屏障。

1. 牛舍位置的选择　牛舍应建在住宅区下风口，背风向阳，地势高燥的地方。牛舍距离干线公路、铁路、城镇、居民区和公共场所 500 米以上；周围1 000米内无大型化工厂、采矿场、皮革厂、肉品加工厂、屠宰厂、饲料厂、活畜交易市场和畜牧场污染源。

2. 地势地形　地势平坦，或稍有坡度，不超过 2.5°(2.5%)；干燥，排水良好，防止被河水、洪水淹没，地下水位要在 2 米以下。山区地势变化大，面积小，坡度大，可以先平整场地，再建牛舍。地形开阔整齐，理想的地形为正方形或长方形，尽量避免狭长形和多边形。

3. 水源　水量充足，未被污染，水质符合卫生标准，并易于取用和防护，能够保证生活、生产、防火等用水需求。

二、肉牛舍类型及建设要求

（一）牛舍类型

肉牛舍要能保暖、防寒、防暑，因此，依各地气候条件，适用的牛舍类型有所不同。

1. 根据墙的结构划分

（1）全开放式牛舍。全开放式牛舍只有端墙，或者靠柱子或钢架支撑，盖上顶棚就可以了。这种牛舍建筑简单，造价低廉，采光、通风均好，保暖性差，适用于四季气温比较高的地区。

（2）半开放式牛舍。半开放式牛舍有两种形式，第一种是牛舍 3 面有墙，1 面敞开无墙；第二种是 4 面有半截墙，靠屋顶部无墙体支撑，适用于冬季不太寒冷的地区。当冬季遇到极端寒冷的天气时，可以用塑料膜、稻草类秸秆等遮蔽物适当封闭敞开的墙体，以增强牛舍的保暖性。

（3）全封闭式牛舍。全封闭式牛舍 4 面有满墙，采光靠门窗，通风靠窗户和屋顶的风口，全封闭式牛舍是一种保温好的牛舍类型，适用于寒冷地区。

2. 根据牛舍屋顶和舍内牛饲养面划分

（1）单列式牛舍。单列式牛舍进深窄，屋顶为单坡，舍内只有 1 排牛，头对饲槽。

（2）双列式牛舍。双列式牛舍屋顶为人字双坡，舍内 2 排牛，头对头，饲喂通道在中央。

常用牛舍类型见图 2-1 至图 2-4。

图 2-1　双列式全开放牛舍

图 2-2　双列式半开放牛舍

图 2-3　单列式半开放牛舍

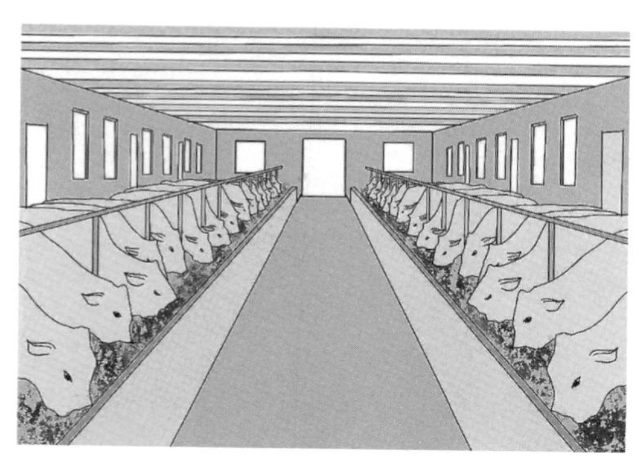

图 2-4　双列式全封闭牛舍

（二）牛舍基本参数

1. 地基　土地应坚实、干燥，可利用天然的地基。若是疏松的黏土，需用石块或砖砌好地基并高出地面，地基深80～100 厘米。

2. 顶棚　顶棚应用导热性低和保温的材料，顶棚距地面为 320～350 厘米。

3. 屋檐　屋檐距地面为 280～320 厘米。屋檐和顶棚太高，不利于保温；过低则影响舍内光照和通风。

4. 牛床　拴系饲养的牛床长 1.8 米，宽 1.0～1.2 米；散养牛按每头牛占圈舍面积 6～8 米^2 计算（不含运动场）。牛床坡度为 0.9°（1.5%），前高后低，防滑。

5. 尿粪沟和污水池　尿粪沟表面应光滑，不透水，宽 28～30 厘米，深 5～10 厘米，倾斜度 1∶（100～200），通到舍外污水池。污水池应距牛舍 6～8 米，封闭，容积以牛舍大小和牛的头数多少而定，一般可按每头成年牛 0.3 米^3、每头犊牛 0.1 米^3 计算，以能贮满 1 个月的粪尿为准，每月清除 1 次。

6. 通道和饲槽　饲喂通道宽度依饲喂方式不同。全机械操作喂料宽度 4.0～4.8 米，人工手推车喂料宽度 2.4～3.0 米。

人工饲喂方式应在通道两侧设饲槽；大型机械饲喂方式则一般不设饲槽，饲料直接投放在通道、靠近牛头一侧。

如果用饲槽，饲槽设在牛床的前面牛头位置，饲槽上宽 60～80 厘米，底宽 35 厘米，底呈弧形。槽内缘高 35 厘米（靠牛床一侧），外缘高 60～80 厘米。

7. 颈枷　拴系或固定牛头的设施。高 1.3～1.4 米，立柱间距 1.0～1.1 米，横杆最好能上下移动位置。

8. 栅栏　全开放式散养牛舍需要设栅栏。高 1.3～1.4 米，采用横栏更省材料。同时，设置分牛栅栏，便于牛舍内作业。

9. 饮水　散养需在饲槽对立侧设水槽；拴系饲养需在牛头位置挂自动饮水碗，每2头牛1个。

三、牛粪处理

肉牛是草食动物，其粪便可以经过自然发酵后直接利用。所以，只需根据养殖的数量，设计建设能够避雨的堆粪池。堆粪池距牛舍50米，按每头牛每日产生10～15千克粪，1个月清除1次设计堆粪池的容积。

四、附属设施和设备

1. 青贮窖　青贮窖建设应根据实际情况确定容量（图2-5）。常年使用青贮饲料饲喂，每头牛的饲喂量需10米^{3}的青贮窖贮存。部分地区会在青贮窖上方设置2.5米高的遮雨棚。

图2-5　青贮窖

2. 草料存放间　用于堆放干草和精饲料，其大小根据饲养牛数量确定。

3. 青粗饲料粉碎机　是肉牛养殖必备的小型机械。

五、大中型肉牛场布局

1. 布局的总体原则　人牛分离，管理区、生活区、生产辅助区、养殖区有明确的界限区分。

2. 功能区布局　牛舍建筑物，或各功能区间间距、牛舍间距保持50米以上。功能区布局依据主风向或地势而定（图2-6）。

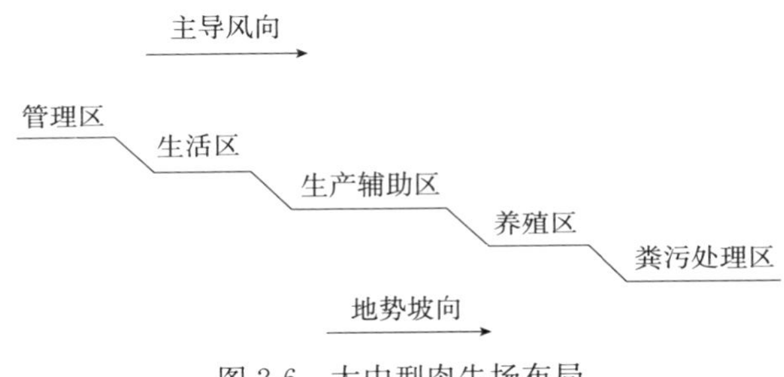

图2-6　大中型肉牛场布局

3. 净道、污道分离　牛群周转、饲养员行走、场内运送饲料出入的专用道路以及饲喂通道，称为净道；粪便等废弃物、淘汰牛出场的道路，称为污道。二者要严格分开，不能重合、不能交叉。

第三章 肉牛常用饲料及加工调制

一、肉牛常用饲料种类及主要特点

肉牛常用饲料包括青绿饲料、粗饲料、糟渣类饲料、青贮饲料、多汁类饲料（图 3-1）和蛋白质饲料、能量饲料、矿物质饲料（图 3-2）。

图 3-1 牛常用饲料 1

（一）青绿饲料

青绿饲料指天然水分含量 60%以上的青绿多汁植物性饲

图 3-2 牛常用饲料 2

料，包括野生天然牧草、栽培牧草、树叶类饲料（比如构树叶）、叶菜类饲料、水生饲料等。

青绿饲料的特点：

①水分含量高，粗蛋白质较丰富，粗纤维含量不超过 30%。

②维生素和矿物质含量丰富，矿物质中钙、磷含量丰富，比例适当。

③柔软多汁，适口性好，能刺激牛增加采食量，易消化。

④能量含量低。

（二）粗饲料

粗饲料的粗纤维含量高，包括青干草、秸秆和秕壳等。

1. 干草 青绿饲料在还没有结籽时刈割，经过日晒或人工干燥而成。优质干草叶多，适口性好，胡萝卜素、维生素 D、维生素 E 丰富。

干草的营养价值与刈割收获时间有关，刈割时间过早，水分多不易晒干，过晚则营养价值降低。一般说来，禾本科牧草在抽穗期，豆科牧草在孕蕾及初花期刈割最好。

2. 秸秆　秸秆粗纤维含量高，无氮浸出物含量低，缺乏一些必需的微量元素，而且利用率低。所以，单独饲喂秸秆难以满足肉牛对能量和蛋白质的需要。常用秸秆有玉米秸秆、麦秆、稻草、豆秆和甘蔗梢等。在秸秆的贮藏过程中，应尽量减少日晒雨淋，防止发霉。

3. 秕壳　常见的秕壳有豆荚、谷类皮壳、玉米芯等。这些饲料在使用时不可以作为唯一的粗饲料来源，应该与其他质量好的饲料混合使用。

（三）青贮饲料

青贮饲料是将新鲜的作物秸秆切、铡碎，置于密闭的环境中，造成厌氧条件，利用微生物的发酵作用，调制出营养丰富、消化率高的饲料，是肉牛的理想饲料。以全株玉米青贮饲料效果最好。

（四）糟渣类饲料

糟渣类饲料是指以农产品为原料，生产酒、醋、酱油、豆腐等的工业副产品。糟渣类饲料的特点是水分含量极高，不耐贮存，适口性较好。各种糟渣因原料不同、生产工艺不同、水分不同，营养价值差异很大。在云南省，用量较大的是酒糟和啤酒糟。

（五）多汁类饲料

多汁类饲料是指胡萝卜、甘薯、马铃薯等块根、块茎类饲料和南瓜等饲料。这类饲料的特点是，含水量高，松脆多汁，适口性好，容易消化，粗纤维、粗蛋白含量低，钙、磷、钠含量少，钾含量丰富，胡萝卜、南瓜中含有丰富的胡萝卜素。多汁饲料只能作为肉牛饲喂的辅料。

（六）蛋白质饲料

蛋白质饲料是指干物质中粗纤维含量低于18%，粗蛋白含量超过20%的饲料，包括植物性蛋白饲料和饼粕类饲料。常用的蛋白质饲料主要包括豆科籽实、饼粕类及其加工副产品，如大豆粕、花生粕、棉籽粕、菜籽粕等。豆科籽实粗蛋白含量高，饼粕类中大豆饼粕是最好的植物性蛋白饲料。啤酒糟、豆腐渣也属于蛋白质饲料。

特别要注意：我国规定禁止使用动物性饲料饲喂反刍动物。

（七）能量饲料

能量饲料是指干物质中粗纤维含量18%以下，粗蛋白含量20%以下的饲料。主要包括谷实类及其加工副产品，块根、块茎类饲料及其他。谷物类籽实饲料主要包括玉米、小麦、大麦、高粱、燕麦、稻谷等，其主要特点是无氮浸出物高，适口性好，可利用能量高。糠麸类饲料为谷实类的加工副产品，主要包括麸皮、稻糠和其他糠麸，其特点是无氮浸出物含量较少，有效能低。

（八）矿物质饲料

矿物质饲料是补充肉牛，尤其是育肥牛钙、磷、钠、氯等矿物质的特殊饲料。包括食盐，含钙的矿物质饲料石粉、贝壳、蛋壳等，以及含钙、磷的饲料磷酸钙、磷酸氢钙等。

二、肉牛饲料的常用加工法

（一）谷实饲料的加工

谷实饲料加工有以下4种方法（图3-3）：

1. 磨碎法　是最古老的加工方法，它的最大好处是为均匀地搭配饲料提供方便。

2. 湿化法　是用水将谷实或面粉类拌湿的加工方法。

3. 烘烤法　是将谷物烘烤熟化后进行饲喂的加工方法，可以提高牛只增重，节省饲料。

4. 蒸煮后碾压法　是将玉米蒸煮后压成片状的方法。

图 3-3　谷实饲料的加工

（二）粗饲料的加工

秸秆和青绿饲料可铡短、粉碎，麦秸可进行水浸处理（图3-4）。

1. 铡短和粉碎　是加工秸秆和青绿饲料的好方法，可缩短牛的采食时间，便于牛的咀嚼，使茎秆不被浪费。切铡长度一般为 3 厘米。

2. 水浸　是处理麦秸的常用办法。

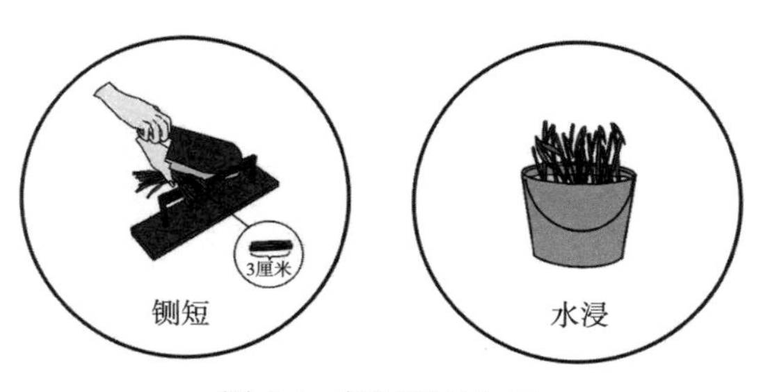

图 3-4　粗饲料的加工

三、牛的饲喂技术

肉牛吃的饲料要多样化，一般至少有 3～4 种，比如干稻草、青草、青贮饲料，还有精饲料。饲喂采用全混日粮饲喂技术（TMR），把所有的饲料按照营养需要和组成比例混合在一起饲喂。大型的牛场有专门的 TMR 机来搅拌混合、揉搓与送料，牛少的情况下，可以把每头牛每顿吃的各种饲料量称好，人工混合均匀后饲喂（图 3-5）。

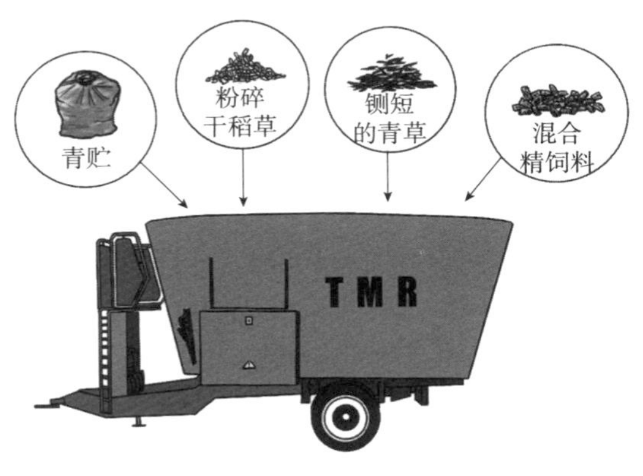

图 3-5　TMR 机模型

第四章　饲养牛种的选择及活牛的选购

一、肉牛品种

（一）肉牛品种的类型

按体型大小和产肉性能，分为下列三大类。

1. 中、小型早熟品种　中、小型早熟品种大多原产于英国，特点是生长快，胴体脂肪多，皮下脂肪厚，体型较小，一般成年公牛体重 550～700 千克，母牛 400～500 千克。

2. 大型品种　大型品种产于欧洲大陆，原为役用牛，后转为肉用。特点是体格高大，肌肉发达，脂肪少，生长快，但较晚熟。成年公牛体重1 000千克以上，成年母牛 700 千克以上。

3. 兼用品种　兼用品种分为乳肉兼用型和肉乳兼用型。我国的黄牛又称为役肉兼用型，但大多数黄牛品种的肉用性能均比较低，优势是极耐粗饲，肉质风味较好。

（二）云南省引进的国外肉牛品种

1. 西门塔尔牛　西门塔尔牛原产于瑞士，是我国引进最早、分布范围最广的国外品种，属大型肉乳兼用品种。体躯长，肋骨开张，前后躯发育好，尻宽平，四肢结实，臀部肌肉发达，乳房发育好；被毛黄白花或红白花，头、胸、腹下和尾帚多为白毛（图 4-1）。成年公牛体重 800～1 200 千克，成年母牛 600～750 千克；平均日增重 1.0 千克以上，屠宰率 65％左右。

图 4-1　西门塔尔牛（公牛）

2. 安格斯牛　安格斯牛原产于英国，属于中小型肉牛品种。体格低矮、结实，体躯宽深，四肢短而直，全身肌肉丰满。无角，被毛颜色有红色和黑色，分别称为红安格斯牛和黑安格斯牛（图 4-2、图 4-3）。成年公牛体重 800～900 千克，成年母牛 500～600 千克。1 周岁体重可达 400 千克，屠宰率 60%～65%。

图 4-2　红安格斯牛（公牛）

3. 短角牛　短角牛原产于美国，属于中小型肉牛品种。短角牛被毛以深红色为主，有白色和红白交杂的沙毛个体，部分个体腹下或乳房部有白斑；鼻镜粉红色，眼圈色淡；皮质细致柔软（图 4-4）。成年公牛体重 900～1 200 千克，成年母牛

图 4-3　黑安格斯牛（公牛）

600～700 千克。18 月龄活重可达 500 千克，屠宰率 65%以上。

图 4-4　短角牛（公牛）

4. 弗莱维赫　弗莱维赫牛以西门塔尔牛为基础，在德国选育而成，是德系西门塔尔牛，又称乳肉兼用西门塔尔牛。体型大，体表肌肉群明显，背腰长宽而平直，后躯发达，臀部肌肉饱满，呈圆形；母牛乳房发达、附着好，乳静脉明显；毛色多为黄白花，头部多为白色，部分带眼圈，前胸、腹下、尾帚和四肢下部为白色（图 4-5）。弗莱维赫公牛犊增重迅速，非常适合做育肥牛。成年公牛日增重 1 350 克，屠宰率达 70%。

图 4-5　弗莱维赫牛（公牛）
（大理州家畜繁育指导站　王鹏武摄）

（三）云南地方黄牛

云南地方黄牛品种较多，共同特点是适应性强，生长速度慢，个体大小因生态环境差异大，成年公牛体重在 220～400 千克，母牛在 210～300 千克。产肉率低，未经育肥的牛屠宰率 45%左右，净肉率 33%左右，但以肉风味好而倍受欢迎。较著名的品种有文山牛、滇中牛、云南高峰牛、昭通黄牛、迪庆黄牛等，还有一些地方的黄牛特别受人们喜爱，比如江城黄牛、红河黄牛等。

（四）云岭牛

云岭牛是由云南省草地动物科学研究院主持，联合云南农业大学等多家单位培育的，适应我国南方热带、亚热带地区的肉牛新品种。云岭牛具有适应性广、抗病力强、耐粗饲、繁殖性能优良等特点。

云岭牛以黑色、黄色为主，被毛短而细密；体型中等，肌肉丰厚；多数无角，耳稍大，横向舒张；公牛肩峰明显，颈垂、胸垂和脐垂较发达，体躯宽深，背腰平直，后躯和臀部发育良好；母牛肩峰稍有隆起，胸垂明显。成年公牛体重 800 千克以上，母牛体重 500 千克以上（图 4-6～图 4-8）。

图 4-6　云岭牛（公牛）

图 4-7　云岭牛（阉牛）

图 4-8　云岭牛（母牛）

二、肉牛的杂种优势利用

由于不同的肉牛品种在适应性、个体大小、生长速度、肉质等特征特性上有很大的差别，为了综合我们需要的特征特性，选用适合品种进行肉牛之间的杂交是肉牛养殖中的普遍做法。

杂种牛的生活力、抵抗力、适应性均较强，生长发育速度较快，表现出比其父、母本品种有某种优越性或优势，称为杂种优势。

$$\text{杂种优势指数}=\frac{\text{杂种牛平均值}}{\text{双亲平均值}}\times 100\%$$

1. 二元杂交 两个品种公母牛杂交，后代全部作为商品牛（图 4-9）。

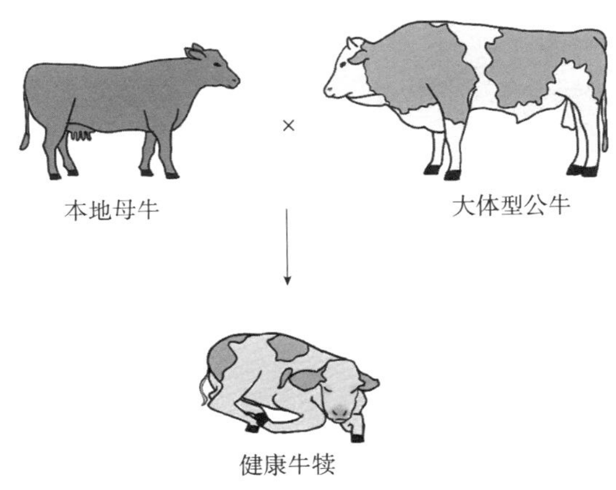

图 4-9 二元杂交

2. 三元杂交 两个品种公母牛杂交的后代母牛，用第三个品种公牛交配（图 4-10）。

3. 级进杂交 专门化肉牛品种的公牛与本地母牛杂交，它们的后代母牛再与这个专门化品种公牛交配（图 4-11）。

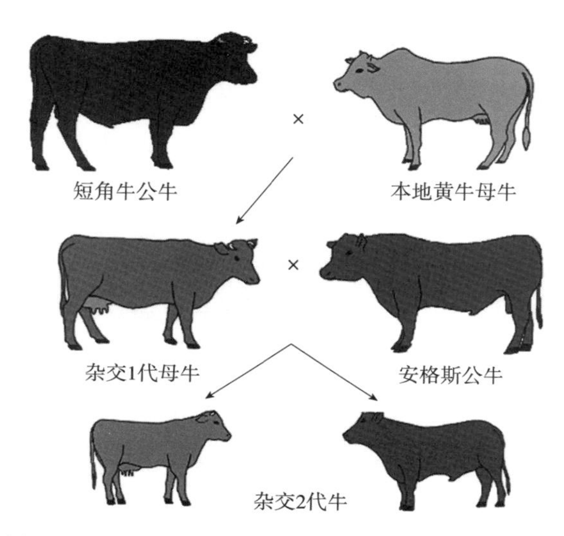

图 4-10　短角牛、本地黄牛、安格斯牛 3 个品种杂交

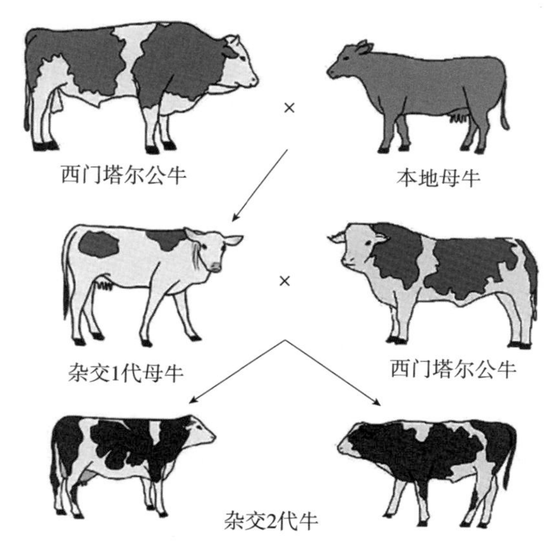

图 4-11　西门塔尔牛与本地母牛级进杂交

三、肉牛的外貌结构与体型特征

1. 肉牛的外貌　肉牛体躯可分头颈部、前躯、中躯和后躯 4 个部分（图 4-12），共二十几个部位（图 4-13）。

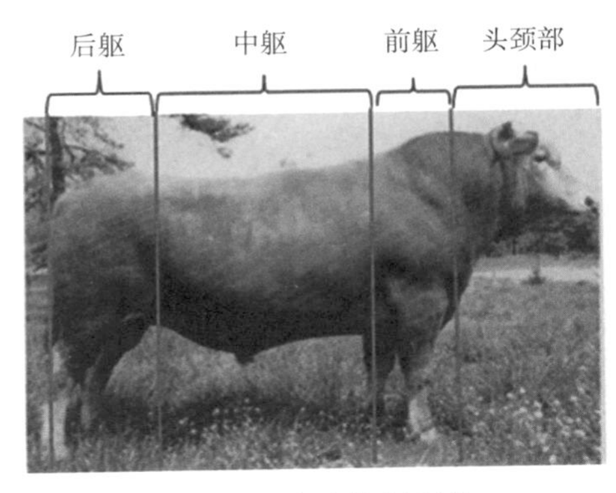

图 4-12　肉牛体躯划分

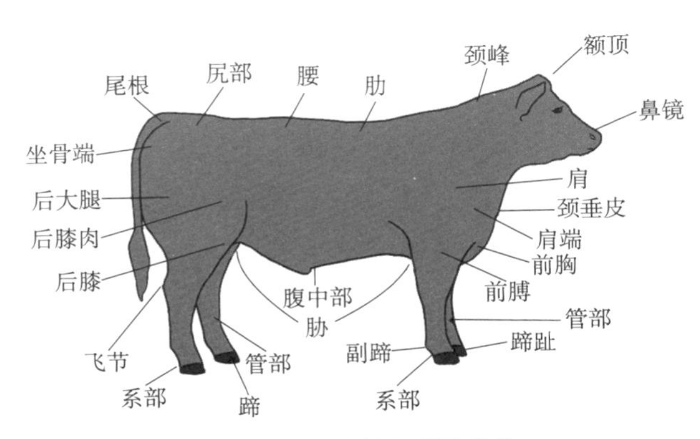

图 4-13　肉牛体躯部位名称

2. 肉牛的体型　专门化的肉牛前、中、后躯结构丰满，肌肉发达。从侧面望及俯视体躯呈长方形，从正面望呈正方形，构成长方体的体型结构（图 4-14）。不同的品种，体型结构略有差别（图 4-15）。

图 4-14　长方体体型结构

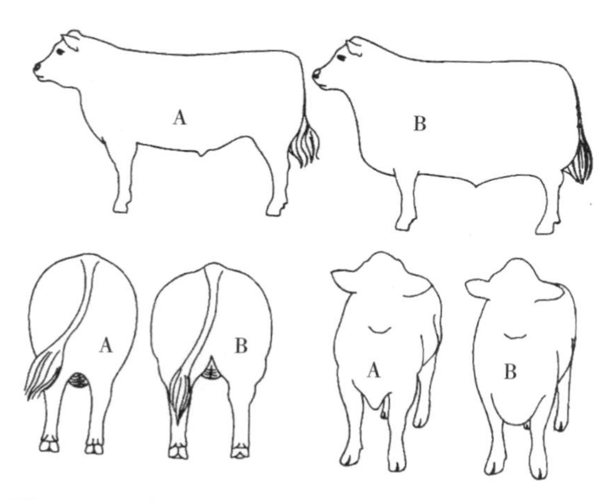

图 4-15　瘦肉型（A）与肥肉型（B）肉牛体型对比

四、肉牛的生产力

（一）生长性能指标

1. 出生重　出生重又称初生重，指犊牛出生后被毛已干但尚未哺乳前的重量。

2. 断奶重　断奶重指犊牛断奶时的体重。

3. 12 月龄、18 月龄、24 月龄等阶段体重　指牛在满 12

月龄、18 月龄、24 月龄时的实际体重。

4. 日增重

$$日增重=\frac{末重-始重}{饲养天数}$$

5. 用体尺估测牛体重的方法

$$体重=\frac{胸围^2\times体斜长}{10800}$$

（二）产肉性能指标

1. 胴体重　胴体重指牛在屠宰后去掉头、皮、尾、内脏（不包括肾和肾周脂肪）、蹄、生殖器官、血后的重量，见图 4-16。

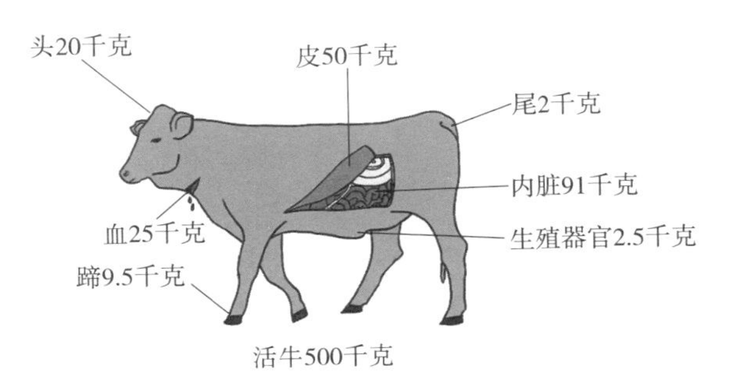

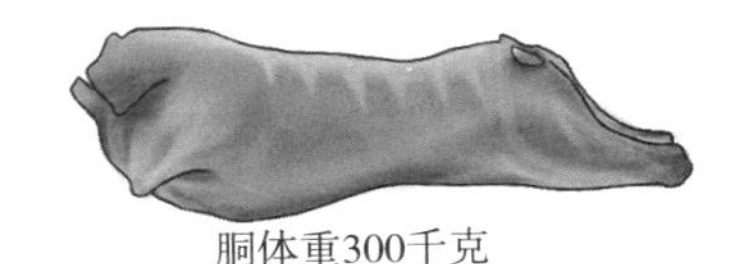

图 4-16　牛胴体重示意

胴体重=屠前活重－（头重＋皮重＋血重＋尾重＋内脏重＋蹄重＋生殖器官及周围脂肪重）

宰前活重是指屠宰前停食 24 小时、禁水 12 小时的体重。

2. 屠宰率　指牛胴体重占屠前活重的百分比。

$$屠宰率=\frac{胴体重（千克）}{宰前活重（千克）}\times100\%$$

3. 净肉率　可按宰前活重计算，指净肉重占宰前活重的百分比（图 4-17）。

$$净肉率=\frac{净肉重（千克）}{宰前活重（千克）}\times 100\%$$

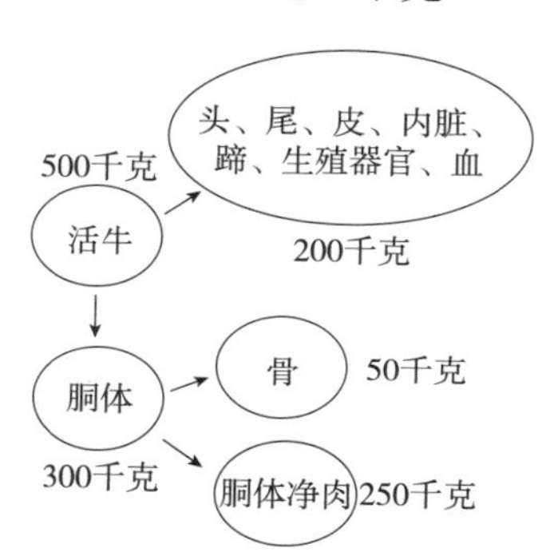

图 4-17　牛胴体净肉重示意

（三）牛肉分割部位

肉牛胴体各部分的肉质和成分不同，质量和价格也存在着差异。因此，进行科学的分割能提高牛肉的产值（图 4-18）。

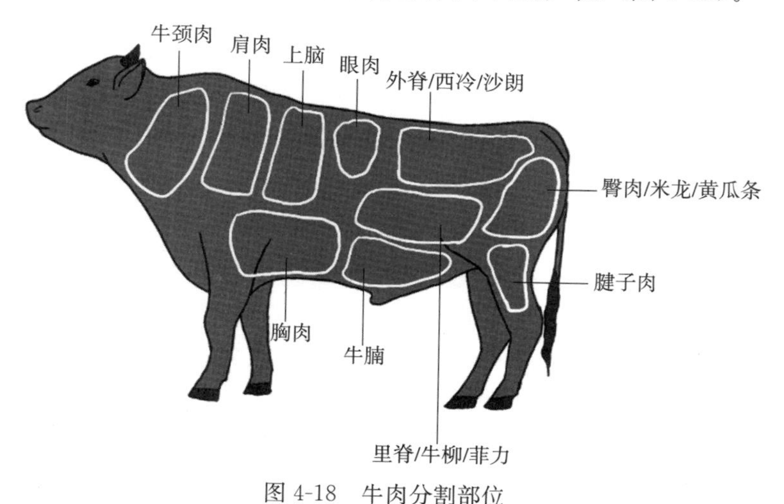

图 4-18　牛肉分割部位

五、活牛选购

（一）牛品种的选择

肉牛品种比较多，各有各的优点，在饲养肉牛时，根据实际选好牛种与养殖效益好坏有很大关系。

1. 繁殖母牛　繁殖母牛的关键是能够正常繁殖，可以选择本地黄牛、杂种牛。

2. 育肥牛　首选杂交公牛，1岁左右的杂交公牛体重可达300千克，生长速度相对较快，较好的饲养条件下，杂交牛育肥期日增重可达1～2千克。其次，有的地方更喜欢食用本地黄牛肉，若有这样的市场需求，可选择本地黄牛的公牛进行育肥。

（二）母牛的选择

选择健康、繁殖正常的母牛。为了保证买到正常繁殖的母牛，一是选择生过小牛的母牛，二是选择已经怀孕的母牛（图4-19）。

图4-19　选购母牛

（三）架子牛的选择

1. 年龄　在2岁左右，通过观察牛门齿的更换情况来判断（图4-20）。

2. 体型　背腰平直，四肢粗壮、直立、蹄质坚实，前后躯深度相等，胸宽、腹线与背腰平行，侧望呈典型的长方形，

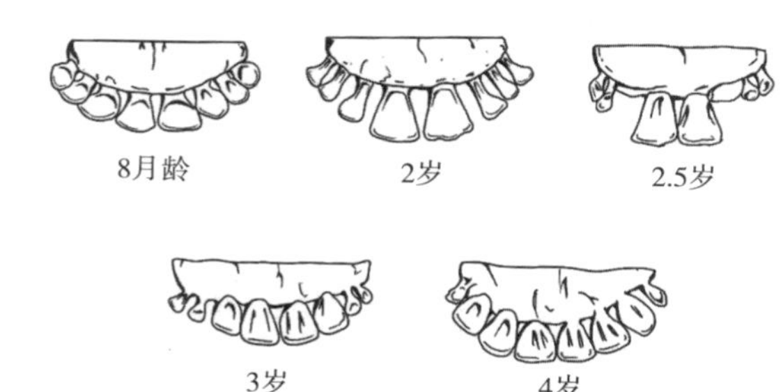

图 4-20 牛的门齿更换情况与年龄关系

颈肩结合良好，整体发育正常，避免买到僵牛（图 4-21）。

图 4-21 正常水牛（后）与僵牛（前）对比

注：这两头水牛的年龄相近，僵牛已停止生长

3. 健康 眼睛有神、无眼泪，鼻镜湿润、无鼻涕，臀部干净、无粪便粘连，被毛光滑、无块状掉毛。

第五章 母牛和犊牛的饲养管理

一、母牛繁殖及饲养管理

（一）母牛的繁殖特点

牛为单胎动物，很少生双胎。牛的初情期为 8～12 月龄，性成熟期为 10～14 月龄，初配年龄为 14～18 月龄，随品种、营养、饲养管理、气候等不同有差异。

牛为常年发情动物，发情周期为 18～25 天，平均为 21 天，发情持续期平均为 18 小时（图 5-1）。

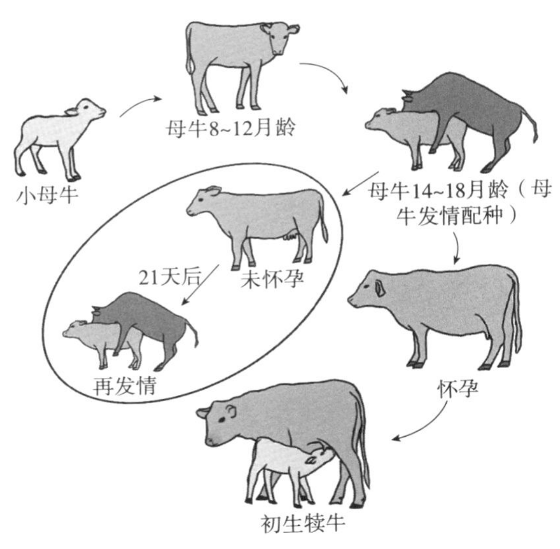

图 5-1 母牛的发情周期

牛的妊娠期平均为280天。

（二）繁殖母牛的饲养目标

繁殖母牛的饲养目标是青年母牛的初配年龄不拖延，体重达到成年体重的65%时，必须进行初配（图5-2）；经产母牛每年1胎，产出健壮的犊牛（图5-3）。

图5-2　青年母牛适时配种

图5-3　经产母牛80天之内必须配种

（三）母牛的发情与配种

1. 发情鉴定　发情鉴定是对母牛是否发情进行判断，母牛只有发情后才能配种。正常发情的母牛，体内卵巢上有成熟的卵子，外部有特别的行为和生理变化。在人工授精的情况下，需要准确的鉴定母牛是否发情，才能适时输精（图 5-4）。

图 5-4　母牛发情观察

（1）外部观察。观察母牛 3 个方面的变化：

①精神兴奋，嗥叫，互相追逐爬跨。

②求偶，强烈的交配欲。

③外阴部充血肿胀，子宫颈，阴道分泌黏液增多，牵垂到阴门外，粘着于尾根、后躯，发情后期，黏液变得相对浓稠，色泽较为混浊。

（2）直肠检查。手臂消毒后进入直肠，隔肠壁触摸卵巢上的卵泡发育情况，以及子宫状态（图 5-5）。

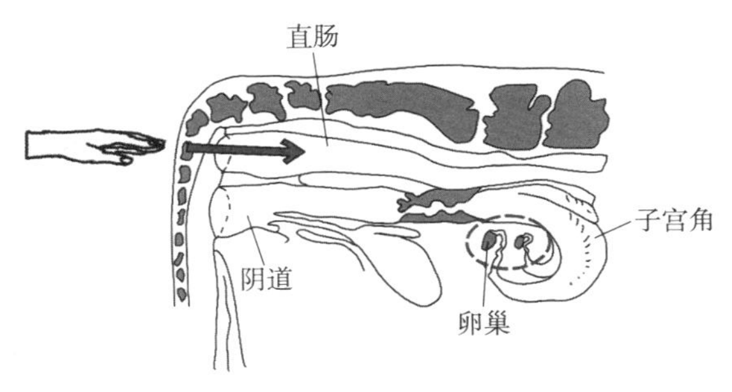

图 5-5　直肠检查

2. 配种

（1）自然交配。是在母牛发情期用种公牛来交配的方法。这是最原始的配种方法，没有技术含量，不用鉴定母牛的发情与否，因为只有发情的母牛才会接受公牛的爬跨。

（2）人工授精。

①什么是人工授精。人工授精是把优秀公牛的精液采集出

来制成冷冻精液，保存在－196℃液氮中，母牛发情时，取出、解冻精液，用专门的工具输送到母牛的子宫颈口。

②人工授精的好处。一是精液均来自优秀公牛，可以获得优秀的后代，改良牛群品质。二是养牛户不用饲养种公牛，节约成本。三是 1 头种公牛每年可以生产至少 30 000 支冻精，优秀种公牛的使用覆盖面更大。

③冷冻精液式样。牛细管冷冻精液式样见图 5-6。

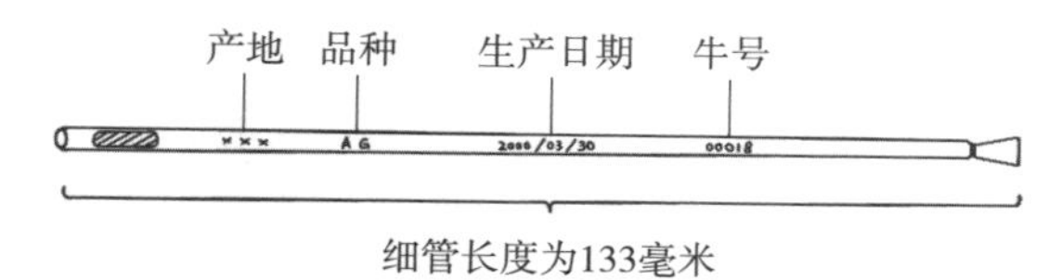

图 5-6　牛细管冷冻精液式样

④输精工具。输精工具见图 5-7。

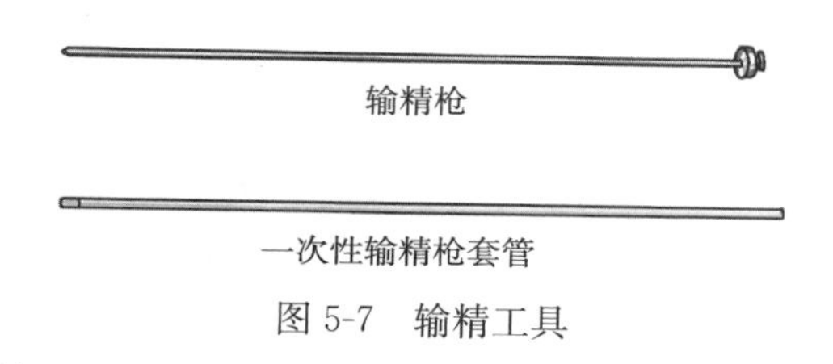

图 5-7　输精工具

⑤输精步骤。

第一步，解冻后的细管冷冻精液装枪（图 5-8）。

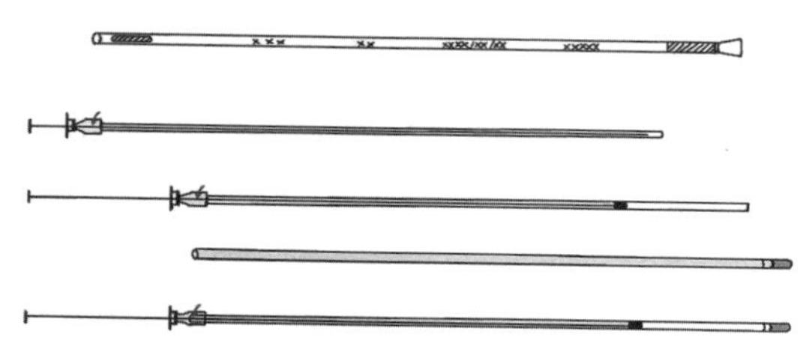

图 5-8　细管精液装枪

第二步，直肠把握输精（图 5-9）。

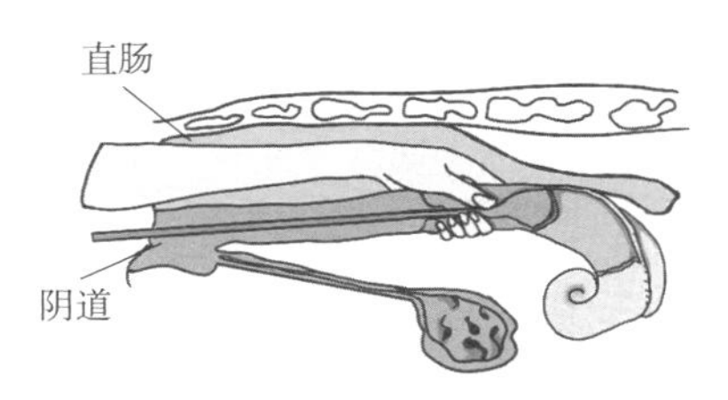

图 5-9　直肠把握输精

⑥准确把握输精时间。肉牛人工授精必须是在母牛发情期内，把握最佳时机才能有好的效果，过早、过晚都会降低受胎的概率（图 5-10）。

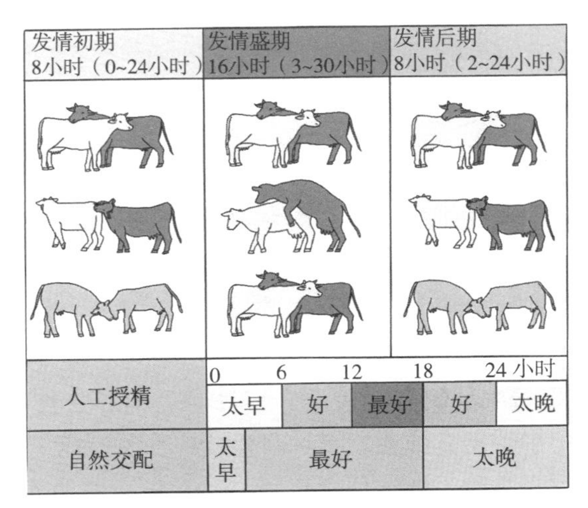

图 5-10　母牛授精时间图解

（3）人工授精＋公牛补配。由于母牛发情表现的个体差异大，有的母牛发情持续期过短，或者发情表现不明显，很难把握最佳输精时间，以致屡配不孕。这种情况下，可以在人工输精后，再用公牛交配补配，保证母牛受孕。

3. 妊娠诊断　妊娠诊断是指母牛配种后，需确定其是否怀孕。初步判定方法是配种后 21 天左右，母牛没有发情表现，可能已经受胎，再过 21 天，母牛仍没有发情，可以确定已经怀孕。怀孕 42 天以后，可以通过直肠检查法进一步确定（图 5-11）。

图 5-11　妊娠判断

4. 妊娠母牛的饲养管理　妊娠母牛的饲养管理的任务是防止流产，确保胎儿健康发育，新生犊牛身体健壮。

（1）加强营养。母牛怀孕以后，胎儿的营养靠母体提供，母牛营养的好坏直接影响胎儿的生长发育。妊娠母牛需要喂给优质草、料；饲草中蛋白质、维生素、矿物质丰富，保证妊娠母牛全面的营养需要，使胎儿获得足够的营养，正常生长发育。

①饲料搭配原则：青粗饲料为主，适当搭配精饲料。

②粗饲料以玉米秸秆为主，搭配 1/3～1/2 优质豆科牧草，补饲饼粕类饲料。

③若粗饲料品质较差，比如以麦秆为主，那么必须搭配豆

科牧草，另加混合精饲料 1 千克左右。混合精饲料可以购买母牛料，也可以自配混合精饲料：玉米 270 克，大麦 250 克，饼粕类 200 克，麸皮 250 克，石粉 10～20 克，食盐 10 克。每头妊娠母牛日添加维生素 A 1 200～1 600 国际单位。

④禁喂棉籽饼、菜籽饼、酒糟等饲料（图 5-12）。

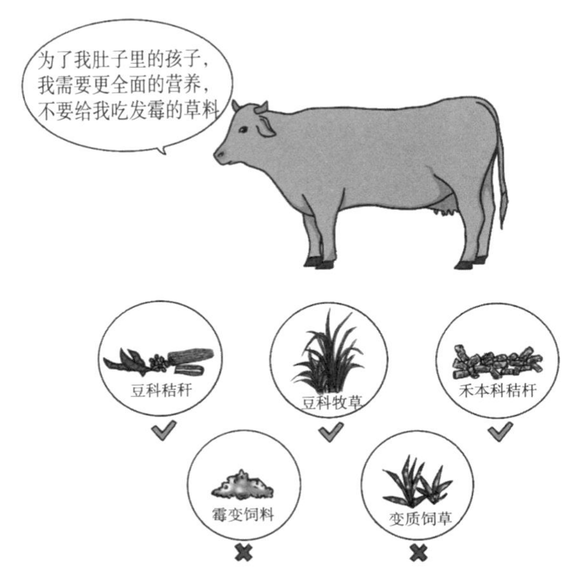

图 5-12　保证饲料品质

（2）合理管理。

①单栏饲养，不与大群牛一起放牧，以防挤撞、打架、乱爬跨（图 5-13）。

②禁止冷鞭抽打，尤其不可以抽打腹部，禁止野蛮驱赶，禁止转直角弯（图 5-14）。

③保持地面干燥，防止滑倒。

④不喂变质、酸度过大、结冰、有毒有害的饲料，清晨不饮冷水，出汗、饿肚时不饮水。

图 5-13　单栏饲养

图 5-14　禁止粗暴管理

5. 分娩管理

（1）母牛的预产期。预知母牛的分娩期，提前为分娩做准备，保证母子平安。用配种日与预计分娩日对照表来确定分娩日（表 5-1）。

（2）分娩前的准备。

①1 间产房或相对隔离的待产区域，并做消毒处理。

②一些松软的垫料，比如干稻草、麦秆。

③碘酊、消毒棉、医用剪刀及抹布。

④预产母牛提前 1 周进入待产区。

表 5-1 肉牛母牛配种与预产日期对照表（按平均妊娠期 280 天计）

1月	1	2	3	4	5	6	7	8	9	10	11	12	13	14	15	16	17	18	19	20	21	22	23	24	25	26	27	28	29	30	31	
10月	8	9	10	11	12	13	14	15	16	17	18	19	20	21	22	23	24	25	26	27	28	29	30	31	1	2	3	4	5	6	7	11月
2月	1	2	3	4	5	6	7	8	9	10	11	12	13	14	15	16	17	18	19	20	21	22	23	24	25	26	27	28				
11月	8	9	10	11	12	13	14	15	16	17	18	19	20	21	22	23	24	25	26	27	28	29	30	1	2	3	4	5				12月
3月	1	2	3	4	5	6	7	8	9	10	11	12	13	14	15	16	17	18	19	20	21	22	23	24	25	26	27	28	29	30	31	
12月	6	7	8	9	10	11	12	13	14	15	16	17	18	19	20	21	22	23	24	25	26	27	28	29	30	31	1	2	3	4	5	1月
4月	1	2	3	4	5	6	7	8	9	10	11	12	13	14	15	16	17	18	19	20	21	22	23	24	25	26	27	28	29	30		
1月	6	7	8	9	10	11	12	13	14	15	16	17	18	19	20	21	22	23	24	25	26	27	28	29	30	31	1	2	3	4		2月
5月	1	2	3	4	5	6	7	8	9	10	11	12	13	14	15	16	17	18	19	20	21	22	23	24	25	26	27	28	29	30	31	
2月	5	6	7	8	9	10	11	12	13	14	15	16	17	18	19	20	21	22	23	24	25	26	27	28	1	2	3	4	5	6	7	3月
6月	1	2	3	4	5	6	7	8	9	10	11	12	13	14	15	16	17	18	19	20	21	22	23	24	25	26	27	28	29	30		
3月	8	9	10	11	12	13	14	15	16	17	18	19	20	21	22	23	24	25	26	27	28	29	30	31	1	2	3	4	5	6		4月
7月	1	2	3	4	5	6	7	8	9	10	11	12	13	14	15	16	17	18	19	20	21	22	23	24	25	26	27	28	29	30	31	
4月	7	8	9	10	11	12	13	14	15	16	17	18	19	20	21	22	23	24	25	26	27	28	29	30	1	2	3	4	5	6	7	5月
8月	1	2	3	4	5	6	7	8	9	10	11	12	13	14	15	16	17	18	19	20	21	22	23	24	25	26	27	28	29	30	31	
5月	8	9	10	11	12	13	14	15	16	17	18	19	20	21	22	23	24	25	26	27	28	29	30	31	1	2	3	4	5	6	7	6月
9月	1	2	3	4	5	6	7	8	9	10	11	12	13	14	15	16	17	18	19	20	21	22	23	24	25	26	27	28	29	30		
6月	8	9	10	11	12	13	14	15	16	17	18	19	20	21	22	23	24	25	26	27	28	29	30	1	2	3	4	5	6	7		7月
10月	1	2	3	4	5	6	7	8	9	10	11	12	13	14	15	16	17	18	19	20	21	22	23	24	25	26	27	28	29	30	31	
7月	8	9	10	11	12	13	14	15	16	17	18	19	20	21	22	23	24	25	26	27	28	29	30	31	1	2	3	4	5	6	7	8月
11月	1	2	3	4	5	6	7	8	9	10	11	12	13	14	15	16	17	18	19	20	21	22	23	24	25	26	27	28	29	30		
8月	8	9	10	11	12	13	14	15	16	17	18	19	20	21	22	23	24	25	26	27	28	29	30	31	1	2	3	4	5	6		9月
12月	1	2	3	4	5	6	7	8	9	10	11	12	13	14	15	16	17	18	19	20	21	22	23	24	25	26	27	28	29	30	31	
9月	7	8	9	10	11	12	13	14	15	16	17	18	19	20	21	22	23	24	25	26	27	28	29	30	1	2	3	4	5	6	7	10月

注：实线区分的两行数字中，第一行数字为配种（妊娠）日期，第二行数字为预产日期。

（3）分娩。母牛一般自然分娩，但现场要有人看护。有的母牛，特别是头胎母牛可能出现分娩困难，需要人工辅助分娩的情况。

新生犊牛娩出后，待胎盘正常娩出，分娩过程才算完成。母牛的胎盘娩出较慢，但若超过 8 小时还未娩出，称为胎衣不下，应请兽医处理。

（4）新生犊牛的护理。

①断脐带。脐带往往自然扯断，如果没有断，可在距腹部 10 厘米处剪断，并用碘酊充分消毒。为防感染，可用纱布把脐带兜起来。

②除黏液。犊牛一旦产出，应驱赶母牛站立起来，舔初生犊牛，且人工辅助清除口、鼻、体躯的黏液。当犊牛因吸入黏液而造成呼吸困难时，应拎起后腿，拍打胸部，使犊牛吐出黏液或羊水，直至发出叫声。

③喂初乳。必须让犊牛在出生后 1 小时之内吃到初乳，这对犊牛的健康发育、生长和抵抗力的获取至关重要。

（5）分娩母牛的护理。母牛分娩后，喂给温热麸皮盐水汤（麸皮 1.5～2.0 千克，食盐 100～150 克，温水适量，以补充体液）。用温水、肥皂水或者 1%～2%来苏尔等擦洗外阴及周围，减少病菌入侵机会。胎衣排出后及时取走并检查是否完整。

6. 哺乳母牛的饲养管理

（1）营养与饲养。哺乳母牛必须要有足够的奶水来满足犊牛生长发育的营养需要。因此，母牛需要比较高的营养水平。产后最初几天，应饲喂易消化和适口性好的饲料，控制精饲料、青贮饲料、青绿饲料及块根块茎饲料喂量；产后 2 周，恢复正常喂量；产后 3 周，提供优质粗饲料，大量饲喂青绿多汁饲料，适当饲喂精饲料，喂量由少到多；产后 3 个月后，减少精饲料的用量。

（2）管理。产后 1 周，母牛处于体质恢复的重要时期，机体抵抗力较低。管理上特别需要观察母牛的体质恢复、生殖道分泌物排出等情况；注意环境卫生，保持乳房清洁，避免有害微生物污染乳房和乳汁，引起犊牛腹泻（图 5-15）。

图 5-15　产后初期母牛的饲养与管理

二、犊牛的培育

（一）及时哺喂初乳

初乳指母牛生小牛后 5～7 天分泌的乳，对新生犊牛免疫力提高特别重要（图 5-16）。应及时哺喂新生犊牛初乳。

图 5-16　初乳的 3 个主要功能

（二）适时补饲

为了保证犊牛的营养需要及促进胃的发育，要适时补充精饲料。

1. 补饲料选择 补饲料最好用专门的犊牛饲料，也可以自己配制。

自配犊牛料建议配方：玉米 55%，麸皮 20%，豆粕 20%，食盐 1%，磷酸氢钙 2%，石粉 1%，预混料 1%。

2. 补饲开始时间 出生 7～10 天，可以开始补饲。

3. 补饲方法 将饲料涂在犊牛口鼻处，教其舔食，促其形成采食习惯。

4. 补饲量 最初几天喂料量很少，每天 20 克左右，随日龄增长逐渐增加（表 5-2）。

表 5-2 犊牛精饲料补饲量

月龄	饲喂量（千克/日）
1	0.1～0.2
2	0.3～0.6
3	0.6～0.8
4	0.8～1.0

（三）学吃粗饲料

1. 20 日龄可以在精饲料中加入切碎的胡萝卜、幼嫩青草等，最初每天添加 10～20 克；到 60 日龄可每天添加 1～1.5 千克（图 5-17）。

2. 60 日龄开始可以喂青贮饲料，最初每天饲喂 100 克左右，3 月龄每天喂量 1.5～2.0 千克。切记勿过早或过量饲喂青贮，可能导致丁酸中毒。

（四）犊牛的管理（图 5-18）

①防寒防暑，预防感冒或中暑。

②天气适宜时，适量运动。

③保持犊牛舍通风、干燥、清洁、阳光充足。

图 5-17　学吃粗饲料

④使用清洁的饮水，每天刷拭牛体 1～2 次，保持牛体干净卫生。

⑤适时断奶。犊牛断奶没有硬性的时间规定，一般说来，当犊牛能采食体重 1%的精饲料，并且有正常的反刍行为时，是最佳的断奶时机。

适量运动

使用清洁的饮水

每天擦拭牛体1~2次

图 5-18　犊牛的管理

第六章　架子牛育肥技术

一、新到架子牛的过渡期饲养

1. 隔离　新买来的牛到场后，不能直接混到原有的牛群中，要隔离饲养至少15天，观察牛的健康情况，只有健康的牛，才能并入原有牛群中。

2. 饮水　新到牛在隔离舍休息1～2小时，第一次喂水，每头牛喂给15～20千克，添加100克人工盐。3～4小时后，第二次喂水（自由饮水），加适量麸皮（图6-1）。

图6-1　饮　水

3. 喂料　第二次饮水后，喂少量优质干草（禁喂苜蓿干草），每头牛4～5千克，第二天开始逐渐加量，5～6天后自由采食（图6-2）。

第四天开始喂精饲料，每100千克体重喂0.5千克，以

图 6-2　喂优质粗饲料

后逐渐增加，直至达到每 100 千克体重喂 0.7～1.5 千克（图 6-3）。

图 6-3　喂精饲料

4. 驱虫　主要是驱除体内寄生虫，常用药物：左旋咪唑、芬苯达唑、丙硫咪唑、伊维菌素等。

5. 健胃　驱虫3日后，每头牛口服大黄去火健胃散350～400克，或者在兽医指导下选用健胃药。

二、育肥技术

1. 高能量日粮强度育肥法

①在过渡期，逐步加大精饲料比例，完成对饲料的适应过程。

②第二个月开始，用精饲料强度饲养。精饲料配方：玉米粉65%，麸皮10%，豆粕20%，矿物质类5%［骨粉、食盐、碳酸氢钠（小苏打）、微量元素、常量元素、维生素添加剂］。有条件的可以直接购买育肥牛精饲料补充料。

③日喂精饲料量按照牛体重和增重情况来确定，一般每100千克体重，精饲料日喂量为0.7～1.1千克，增重慢的牛少喂，增重快的牛多喂；增重特别快的牛，精饲料喂量最高可达每100千克体重1.5千克。

④粗饲料以秸秆类为主，日喂2～3次，食后饮水。

⑤限制运动，保持牛体清洁，牛舍环境安静。

2. 青贮饲料育肥法

①要求牛初始体重300千克以上，过渡期结束后，单槽拴系饲养。

②粗饲料只用青贮玉米秸秆，喂量每头每天15～20千克，日喂2～3次，依个体适量增减。

③日给精饲料3～5千克，精饲料比例：玉米65%、麸皮12%～15%、油饼类15%～20%、矿物质类4%。

④可以适当添加碳酸氢钠（小苏打）。

3. 酒糟育肥法

①酒糟中含有酵母、纤维素、半纤维素、脂肪、粗蛋白和B族维生素等营养素，且无氮浸出物低。

②牛经过渡饲养期，用干草和粗饲料添加酒糟饲养，经过

15～20 天，逐渐增加酒糟喂量，减少干草喂量。

③合理搭配精饲料和其他适口性好的饲料。

④精饲料喂量 1～5 千克/天，食盐 50～60 克/天，适量补充维生素 A、钙、磷，加 1%～2%小苏打。

⑤酒糟要鲜喂，依季节不同酒糟保存时间不同，夏季 2～3 天。酒糟不能作为育肥的唯一粗料，每头每日秸秆类饲草喂量不低于 2.5 千克，同时补维生素 A、维生素 D。

三、肉牛的管理

肉牛管理要诀可总结为“三五”“一果断”，即五定、五看、五净和果断处理饲养效果差的牛。

1. 五定

①定人员。不可频繁更换饲养人员。

②定量。主要是精饲料定量，不随意增减，尤其育肥后期不可减少精饲料。

③定时。喂料和饮水时间不能忽早忽晚（自由饮水情况除外）。

④定桩位。不要随意调换牛已经习惯的位置。

⑤定卫生。定时刷拭牛体，牛舍每月用 2%～3%氢氧化钠溶液彻底喷洒 1 次，出栏牛舍定期彻底消毒，定期更换入口消毒池中消毒液。

2. 五看

①看采食。每天仔细观察每头牛采食行为和采食量是否正常。

②看饮水。每天仔细观察每头牛饮水量是否正常。

③看粪便。每天仔细观察每头牛排泄的粪便有没有过干、过稀，以及粪便中有没有残存的未消化精饲料。

④看反刍。每天仔细观察每头牛反刍次数、反刍时间有没有异常。

⑤看精神。每天仔细观察每头牛的精神状态是否正常。

若发现以上任何一项存在异常，及时做健康检查并进行相应的处理。

3. 五净

①草料净。草料中无杂物。

②饲槽净。饲槽清洁，无霉变物残留。

③饮水净。饮用清洁水。

④牛体净。保持牛体干净。

⑤圈舍净。牛床清洁、干燥。

4. 果断处理以下3类牛

①“增不付支”的个体。指日增重低，增重的价值不能换回吃的草料的价值及人工费的牛。

②僵牛。指光吃不长的牛。

③没有希望治愈的病牛。指久治不愈的病牛，没有继续饲养的价值。

四、肉牛的适时出栏

（一）适时出栏的原因

1. 最佳出栏可以最大限度地保证养殖效益。

2. 随着牛年龄的增加，每增重1千克所需要的饲料量会增加，饲料利用率下降，所以要适时出栏。

（二）肉牛育肥结束出栏的判断方法

1. 眼看

①肉牛采食量下降，下降量达正常采食量的10%～20%。

②体膘丰满，看不到骨头外露。

③背部平宽而厚实。

④尾根两侧可以看到明显的脂肪突起。

⑤臀部丰满平坦，圆而突出。

⑥胸前端非常丰满，圆而大，突出明显。

⑦公牛阴囊周围脂肪沉积明显。

⑧躯体体积大，体态臃肿。

⑨行动迟缓，四肢高度张开。

⑩不愿意活动或很少活动，对周围环境反应迟钝，卧下后不愿站起。

2. 手摸

①摸（压）牛背部、腰部时感到厚实，柔软、有弹性。

②用手指捻摸胸肋部牛皮时，感觉特别厚实，大拇指和食指很难将牛皮捻住。

③摸牛尾根两侧柔软，充满脂肪。

④摸牛肷窝部牛皮时有厚实感。

⑤摸牛肘部牛皮时感觉非常厚实，大拇指和食指不能将牛皮捻起。

第七章　牛病综合防治技术

一、牛场卫生与消毒

消毒是用化学（如生石灰、碱、碘等）或物理（如火焰、紫外线等）的方法杀灭体外除芽孢外的一切病原微生物的过程。传染源、传播途径和易感动物是传染病在牛群中传播流行的必要因素，即疾病流行3个基本环节。消毒能消灭环境中的病原体，切断传播途径，有效阻断传染病在畜群中的流行。

（一）舍外消毒

为了有效阻止外来病原微生物的传入，牛场大门口应设立门卫值班室、消毒池、喷雾或紫外线消毒通道和更衣室等。禁止外来车辆、人员等进入场内。

1. 车辆消毒　车辆消毒池（图7-1）设在厂区门口，2～3个车轮周长，消毒药可用2%～4%氢氧化钠溶液，每3天更换1次。进入生产区同样设消毒池和喷淋装置，消毒过往车辆，消毒液可用季铵盐类。

2. 人员消毒　进入生产区人员应进行紫外线或喷雾消毒并更换消毒过的工作服（图7-2）。手用肥皂洗净后，浸于洗必泰或新洁尔灭等消毒液内3～5分钟，流水冲洗后擦干。然后穿上生产区的水鞋或其他专用鞋，通过脚踏消毒池进入生产区。

3. 生产区消毒　保持生产区内外环境清洁，无杂草、垃

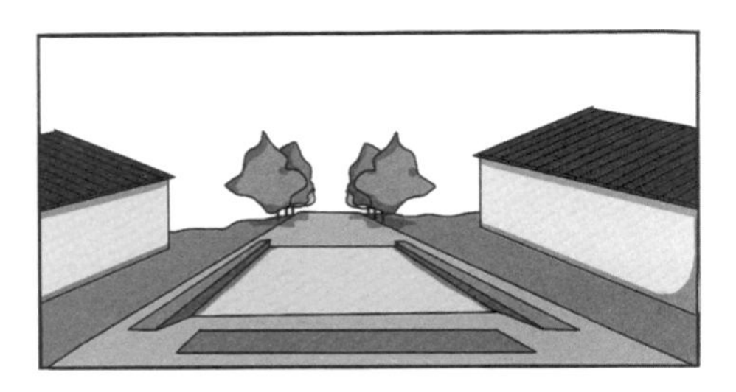

图 7-1　车辆出入消毒池

图 7-2　养殖场人员入口雾化消毒室

圾。场区设置净道和污道，运牛车和饲料车等走净道，病死牛及粪便等走污道，无害化处理区应远离牛舍。道路硬化，两旁有排水沟，沟底硬化，不积水，排水方向从清洁区流向污染区。平时应做好生产区环境卫生工作，经常使用高压水枪清洗场区道路、水泥地面、排水沟等区域，每周用 3%～5%氢氧化钠溶液等消毒剂进行 1 次喷洒消毒。在牛舍周围、入口、产床和牛床下面喷洒 10%石灰乳或 2%氢氧化钠溶液消毒。牛舍内及其周围每 2 天消毒 1 次。夏秋季每周喷洒杀虫剂消灭昆虫。

（二）舍内消毒

消毒前应对地面、通道等进行清扫，保证消毒效果，预防蹄病及犊牛腹泻等疾病的发生（图 7-3）。

1. 饲喂区消毒　每 2 天清除 1 次粪便污物，用高压水枪冲洗干净地面，用背负式喷雾器将 0.1%戊二醛类溶液均匀喷洒地面。

图 7-3　定期清扫地面、通道

2. 运动场消毒　每 2 天清除 1 次粪便，注意不留死角，有粪便残留的地方都要先清扫干净，地面撒上少量漂白粉（或二氯异氰尿酸钠）。

3. 料槽、水槽及牛栏消毒

①料槽每天保持干净，用 0.1%次氯酸钠（或二氯异氰尿酸钠）配置水溶液，均匀喷雾消毒，每周 1 次。

②饮水槽用漂白粉（或二氯异氰尿酸钠）浸泡消毒 5～10 分钟，以杀死细菌及藻类，然后排干消毒液，加入清水冲洗干净。每 20 天消毒 1 次，夏季每 10 天消毒 1 次。

③牛栏每 2 周用季铵盐类消毒液或戊二醛消毒液擦拭消毒。

4. 走廊及舍内空气消毒　走廊彻底清扫后，轮流使用戊二醛消毒液和碘制剂消毒液消毒，舍内空气每天消毒 1 次，通常选用0.3%过氧乙酸、0.1%次氯酸钠等喷雾消毒。消毒器械一般选用高压喷雾器或背负式手摇喷雾器，要喷到墙壁、地面，最好能覆盖到顶棚，以均匀湿润牛体且以牛体表稍湿为宜，不得直喷牛体。

5. 运载工具、饲喂用具、饲料车消毒　用0.1%新洁尔灭或0.2%～0.5%过氧乙酸喷洒或清洗消毒。也可将其置于密闭室内用高锰酸钾、福尔马林或二、三氯异氰尿酸钠烟熏消毒。

6. 人员消毒　进入牛舍人员经喷雾消毒室或漂白粉（或二氯异氰尿酸钠）消毒液喷洒在人员衣帽上进行消毒，鞋底应确认清洗干净，经消毒垫时充分踩踏并稍作停留后通过（图7-4）。

图7-4　鞋底消毒

7. 空舍消毒　肉牛出栏后、进牛前彻底打扫卫生，包括各种死角；可用火焰喷烧地面、牛栏、水槽、料槽、各种死角及蜘蛛网等。

（三）兽医器械消毒

注射器、助产工具、配种工具等尽量用一次性器械，能重复使用的应清洗干净并高压灭菌，塑料制品等不耐高温的用0.1%新洁尔灭或0.2%～0.5%过氧乙酸溶液消毒。接种疫苗或治疗时，注射器及针头采用高压灭菌，使用时逐头更换针头。

（四）人员管理

员工每年要进行1次健康体检，患有结核病、布鲁氏菌病或其他人牛共患病的人员不得在牛场工作。

二、疫苗知识及免疫接种

疫苗是目前预防和控制传染病的最有效武器。熟悉各种疫苗的类型、特性，了解当地疫病流行情况，针对性地制定牛场的免疫程序，确定疫苗种类、接种次数与时间，规范操作，才能有效控制各种传染病的发生和流行（图7-5）。

图7-5　制定免疫程序

（一）疫苗类型

疫苗是用病原体或其成分生产的用于动物主动免疫的生物制剂，有很多类型，常见的有灭活疫苗、活疫苗、基因工程疫苗、合成肽疫苗等。

1. 灭活疫苗　灭活疫苗是用物理或化学方法将病原微生物杀死，加入佐剂制成。制成灭活疫苗相应病原在机体内不能生长繁殖，故安全可靠易保存，无毒力返祖危险，缺点是免疫原性弱，往往需要接种多次。

2. 活疫苗　活疫苗又称弱毒疫苗，用人工变异或直接从自然界筛选出来的毒力高度减弱或基本无毒的活病原微生物制成。它在机体内可生长繁殖，如同轻型感染，故只需接种1～2次，用量较小，不良反应亦小，但是稳定性差，不易保存，有毒力返强可能，所以制备和鉴定必须严格。

3. 类毒素　用0.3%～0.4%甲醛处理外毒素，使其失去毒性，保留抗原性，称为类毒素。它常与灭活疫苗混合使用。毒素中加入适量氢氧化铝或明矾等吸附剂，可制成精制吸附类毒素，制剂在体内吸收较慢，可有效增强免疫效力。

4. 亚单位疫苗　亚单位疫苗是灭活疫苗提取病原生物有效抗原成分制成的制剂，可减少无效抗原组分所致不良反应，不含核酸，毒性显著低于全病原疫苗。

5. 合成疫苗　合成疫苗是将具有免疫保护作用的人工合成抗原结合到载体上，再加上佐剂制成的制剂。优点是既可以大量生产，解决某些病原生物难以培养而造成原料缺乏的困境，又无病毒核酸传播感染的危险性，还可制备多价合成疫苗，一针预防多种疾病。

6. 基因工程疫苗　基因工程疫苗是将编码病原生物有效抗原组分的DNA片段（目的基因）插入载体，形成重组DNA，再导入酵母菌或哺乳动物宿主细胞，目的基因表达产生大量有效抗原组分，也称为重组疫苗。因为利用有效抗原组分而非病原体本身做疫苗，所以安全性显著提高。

除上面介绍的这些以外，转基因植物口服疫苗、核酸疫苗等新型疫苗也在不断问世。

（二）免疫程序

接种疫苗是防控传染病最有效的措施，所有养殖户都必须重视。散养户每年春秋两季进行预防注射（即春秋二防），一般注射口蹄疫和牛出败两种疫苗。规模化养殖场应根据本场情况做好口蹄疫、牛出败、气肿疽和炭疽等传染病的预防工作（表 7-1）。

表 7-1 肉牛养殖场参考免疫程序

	接种日龄	疫苗名称	接种方法	免疫期及注意事项
犊牛及育成牛	80	气肿疽芽孢苗（首免）	皮下	7 个月
	120	2 号炭疽芽孢苗（首免）	皮下	1 年
	150	口蹄疫 O 型-亚洲 I 型-A 型三价灭活疫苗（首免）	肌内注射	4 个月，很少有反应
	180	气肿疽灭活苗（二免）	皮下	7 个月
	240	牛巴氏杆菌病灭活苗（首免）	皮下或肌内注射	9 个月，犊牛断奶前禁用
成年牛	每年 3 月（春季）	口蹄疫 O 型-亚洲 I 型-A 型三价灭活疫苗（二免）	肌内注射	4 个月，很少有反应
		牛巴氏杆菌病灭活苗（二免）	皮下或肌内注射	9 个月
		气肿疽灭活苗（三免）	皮下	7 个月
	每年 9 月（秋季）	口蹄疫 O 型-亚洲 I 型-A 型三价灭活疫苗（三免）	肌内注射	4 个月，可能有反应
		牛巴氏杆菌病灭活苗（三免）	皮下或肌内注射	9 个月
		气肿疽灭活苗（四免）	皮下	7 个月
		2 号炭疽芽孢苗（二免）	皮下	1 年

（三）接种反应处理

为减少牛在注射疫苗后过敏的发生，在注射疫苗前要准备好抗过敏的药物。接种疫苗后部分牛会出现呼吸急促或采食减少等现象，一般不用处理。如果呼吸困难等反应较重，甚至出现站立困难、口吐白沫时需要立即救治；可静脉注射肾上腺素或肌内注射地塞米松。对特别严重的牛要静脉输入葡萄糖生理盐水、维生素 C 等。注射疫苗后 1 小时内勤加观察，早发现早处理。注射疫苗前还可以在饮水中加入电解多维等，给予充足饮水，以减少过敏的发生。

三、驱虫

为了减少寄生虫病的危害，提高养殖效益，牛场每年都要进行 1～2 次全面彻底的驱虫（图 7-6）。

图 7-6　驱　虫

（一）常用驱虫药物

1. 丙硫苯咪唑　是体内蠕虫广谱驱虫药，主要用于春季驱虫，可驱除体内线虫、绦虫和吸虫。

2. 伊维菌素　是广谱体内外驱虫药，可驱除体内线虫及体外虱、疥癣和痒螨等，是目前最常用的一种驱虫药，对孕牛安全。

3. 阿维菌素　是广谱抗虫药，具有高效、低毒、安全等特点，对绝大多数线虫、体外寄生虫及其他节肢动物都有很强的驱杀效果（对虫卵无效）。

4. 碘硝酚　可有效驱除体内线虫及体外虱、疥癣等，对孕牛安全。

5. 硝氯酚　主要用于驱除体内肝片吸虫、双腔吸虫等，用于低湿沼泽地区的春、秋季驱除吸虫效果明显。每千克体重用量3～7毫克。

6. 吡喹酮　可驱除血吸虫、绦虫等寄生虫，每千克体重用量40～80毫克，1次口服，连用3～5日。

7. 三氮脒（贝尼尔、血虫净）　用于牛焦虫病治疗，每千克体重用量3.5毫克，肌内注射。

（二）体表驱虫

主要是杀灭虱、螨、蜱、蝇、蛆等。常用喷施或药浴。

1. 喷施法　喷施法可用0.3%过氧乙酸逐头喷洒牛体，再用0.25%螨净乳剂对牛体普遍擦拭；7天后再重复用药1次，一旦出现不良反应立即停药。

2. 药浴法　药浴法一般用于温暖季节及牛数量少的情况。将杀虫药物按规定比例配成所需浓度的溶液置于药浴池内，将牛除头部以外的各部位浸于药液中30～60分钟，可杀灭体外寄生虫。此方法牛体表各部位与药液可充分接触，杀虫效果较好，但用药量大。

（三）口服驱虫

每千克体重口服盐酸左旋咪唑7.5～10毫克，空腹投服阿维菌素0.2毫克。

（四）注射驱虫

体内外寄生虫感染严重的，如螨虫病有结痂、剧痒症状，同时粪便排出大量虫卵、虫体的重症病例，可采取注射配合口服治疗效果较佳。用0.1%伊维菌素按每千克体重0.2毫克肌内注射；或左旋咪唑按每10千克体重0.2毫克颈部皮下注射。

（五）驱虫时间

可在深冬用驱虫药对肉牛体内的成虫和幼虫进行驱除，降低肉牛的带虫量。这种方法可把虫体消灭在成虫产卵前，防止虫卵和幼虫污染环境，阻断宿主间的传播，有利于保护肉牛健康。对于寄生虫病流行严重的地区，在5～6月可再驱虫1次。

按每千克体重 15 毫克内服丙硫咪唑，0.1%伊维菌素每千克体重 0.2 毫克肌内注射可取得良好效果。

（六）注意事项

选择高效、低毒、经济和使用方便的驱虫药。大规模驱虫时，应对驱虫药物的用法用量、效果、毒副作用和安全性进行评估后，再全群驱虫。驱虫后要密切观察牛只是否有毒性反应。准备好解毒药品，一旦有牛只出现中毒症状，及时采取救治措施。

第八章　牛病临床诊断与治疗

一、牛的保定

正确保定是临床检查和治疗操作的前提。对牛进行保定时，操作人员要严格做好自身防护。

1. 徒手保定　适用于一般检查、灌药、颈部肌内注射及颈部静脉注射。先一手抓住牛角，然后拉提鼻绳、鼻环或用一手的拇指与食指、中指捏住牛的鼻中隔加以固定。

2. 牛鼻钳保定　适用于一般检查、灌药、颈部肌肉及静脉注射、检疫等。操作时将两钳嘴抵住两鼻孔，并迅速夹紧鼻中隔，用一手或双手握持，亦可用绳系紧钳柄将其固定（图 8-1）。

3. 简易保定　当实施一般检查、灌药、注射等操作时，可采用后肢“8”字缠绕保定（图 8-2）、徒手压鼻保定（图 8-3）等简易保定。

4. 柱栏内保定　适用于临床检查、检疫、各种注射及颈、腹、蹄等部疾病治疗等。有单栏、二柱栏、四柱栏、六柱栏保定方法，亦可因地制宜，利用自然树桩等进行简易保定。此外，柱栏内可进行后肢提起保定（图 8-4），便于肢蹄处理操作。

5. 倒卧保定　常用一条龙倒牛法。适合于胸、腹腔手术及性情暴躁牛的去势手术等。建议禁食 12 小时左右后进行。用 1 根 10～15 米长绳子，留 2 米拴牛角根，套在牛 2 个角根部。将绳沿非卧侧颈部外面和躯干上部向后牵引，在肩胛骨后角处环胸绕 1 周做成第一绳套。继而向后引至臀部，再环腹 1

图 8-1 牛鼻钳保定

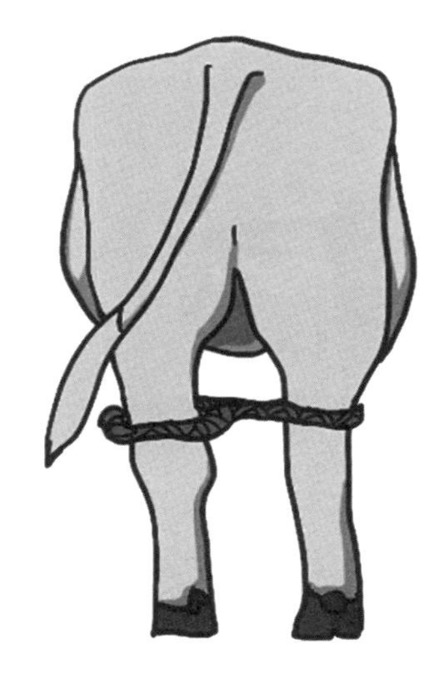

图 8-2 后肢“8”字缠绕保定

图 8-3 徒手压鼻保定

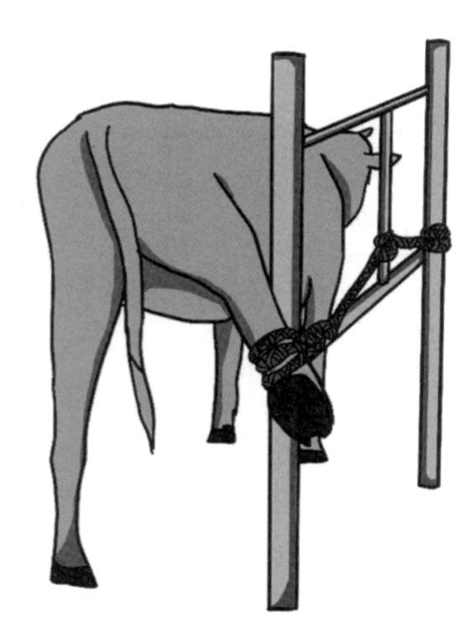

图 8-4　柱栏后肢提起保定

周（此套应放于乳房前方）做成第二绳套。由 3～4 人慢慢向后拉绳的游离端，由 1～2 人向前牵引向下倾斜，牛立即蜷腿而慢慢倒下。牛倒卧后，1 人用双膝压住颈部，必要时绑定四肢（图 8-5）。

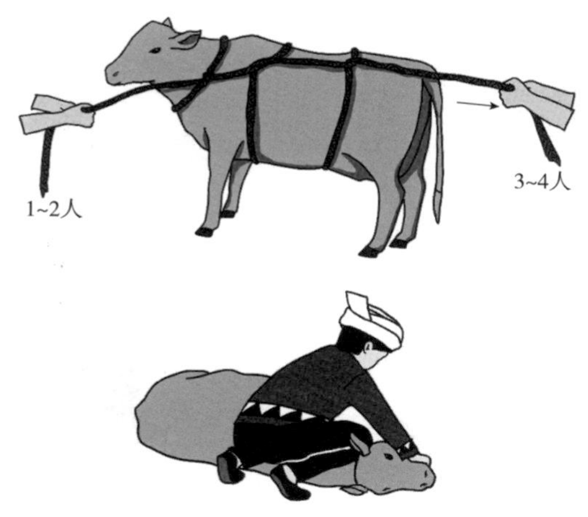

图 8-5　一条龙倒牛

二、牛病的临床检查

由于牛不会说话，对疾病的诊断完全凭借兽医通过临床检查，收集疾病相关信息综合分析病因（图 8-6）。临床检查分为一般检查和系统检查，常用问诊、视诊、触诊、叩诊和嗅诊等方法收集疾病相关资料。

图 8-6 牛临床检查

（一）一般检查

包括牛全身状态、被毛、皮肤、眼结膜、体表淋巴结、体温、脉搏及呼吸运动的检查。

1. 精神状态 通过观察病牛的神情神态及各种反应、举动而判定。正常牛反应机敏、灵活。异常牛可表现为抑制或兴奋，抑制见于热性病、重症病及某些脑病与中毒；兴奋多见于脑病或中毒。

2. 姿势、步态 站立不稳，多见于蹄叶炎等痛性疾病。强迫站立姿势，如破伤风患牛肌肉强直，四肢开张如“木马”。强迫横卧姿势，多因神经系统的功能障碍引起，如脑炎、中暑、牛产后瘫痪等疾病。昏迷时多呈横卧姿势。

3. 皮肤被毛　摸鼻端、耳根是否发热。捏皮肤皱褶，如复原缓慢，表明失去弹性、脱水。健康牛被毛平顺而有光泽，每年春秋两季脱换新毛。患营养不良和慢性消耗性疾病的牛，被毛常蓬乱而无光泽、易脱落或换毛推迟。湿疹或毛癣、疥癣等皮肤病，常表现局部被毛脱落。

4. 可视黏膜　健康牛眼结膜呈淡粉红色。疾病状态下结膜会出现苍白、弥漫性潮红和结膜黄染等变化。结膜苍白是贫血的表现，如大失血、肝脾破裂、营养性贫血、肠道寄生虫病等；结膜潮红是充血的表现，见于眼的发热性疾病，如外伤、结膜炎及各种急性热性传染病；结膜发绀是淤血的表现，也可能是血液中还原型血红蛋白增多，见于肺炎、心力衰竭及某些中毒病；结膜黄染是黄疸的表征或血液内胆红素增多的结果，见于肝脏疾病及某些中毒病及附红细胞体病等。

5. 淋巴结　健康牛淋巴结较小，深藏于组织内，一般难以摸到。牛淋巴结病变一般表现为急慢性肿胀，触诊和视诊下颌、膝上、肩前等淋巴结的位置、形态、大小、硬度、敏感性及活动性等，临床上具有重要诊断意义。

6. 体温　先把体温计的水银柱甩到35℃以下，涂上润滑剂或水。站在牛正后方，左手提牛尾，右手将体温计斜向前上方轻轻转动插入肛门，用体温计夹子夹在尾根部尾毛上，防止挣扎甩脱或陷入直肠，隔3～5分钟取出查看。健康牛的体温一般为37～39℃，上午高、下午低，温差在1℃以内（图8-7）。牛经过使役、剧烈活动、日晒、大量饮水后，应休息30分钟后再测。

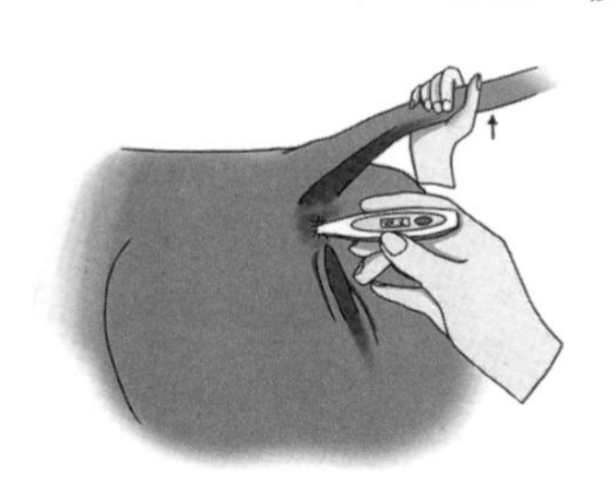

图8-7　直肠温度测量

（二）系统检查

1. 循环系统 听诊心率、心音的位置在左侧心区3～5肋间，胸壁下1/3处。

2. 呼吸系统 观察胸壁起伏或听诊器测定。未成年牛呼吸每分钟20～50次，成年牛每分钟15～35次。

3. 上呼吸道 正常鼻镜湿润，鼻腔无脓样或水样物。如鼻镜干燥有热感，并伴有精神不振和食欲减退现象，提示有热性疾病。

4. 消化系统 重点检查口腔黏膜有无糜烂和溃疡，牙齿有无松动。沿食管触摸有无发热、肿胀和疼痛等异常。观察瘤胃臌胀，听诊瘤胃蠕动（图8-8），正常蠕动次数2～4次/分钟，辨别是否有钢管音和肠音等。触诊网胃、瓣胃和皱胃是否变硬或有痛感。

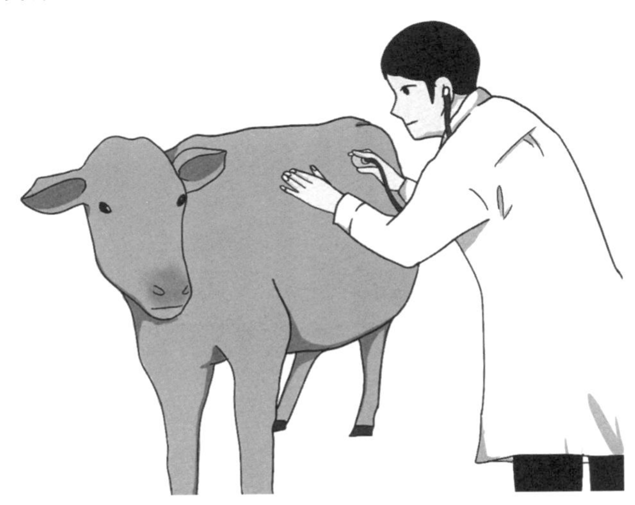

图8-8 腹部听诊

5. 泌尿系统 检查排尿动作及尿液感观。正常牛每日排尿8～10次。临床病理现象常见多尿、少尿、频尿、无尿、尿失禁、尿淋漓等。

三、常规治疗技术

（一）投药法

1. 水剂　将软胶材质兽用投药瓶（图 8-9）从嘴角伸入，将药灌入牛的口腔内。速度不宜太快，防止误入气管。在农村常图方便用啤酒瓶或自制竹筒灌药，应特别注意避免损伤牛的口腔。药液量大建议胃管投药。一手抓住鼻翼，一手持胃导管沿下鼻道缓缓插入，抵咽部时会感觉有阻力，停下待其吞咽时趁机插入（若无吞咽动作，揉捏咽部或用导管轻轻刺激）。确认没有插入气管，用橡皮球打气，可观察到左侧颈静脉沟处食管波动，球压扁后不复原。接上漏斗，把药液倒入漏斗，把漏斗举过牛头，药液流进胃中。

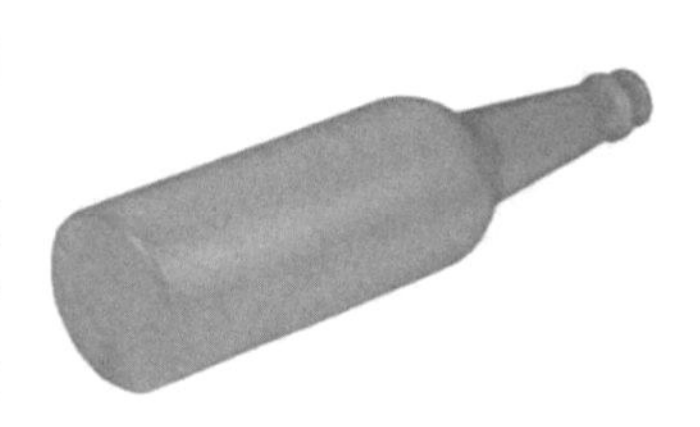

图 8-9　投药瓶

2. 丸药　拉舌压于口齿根部，抬头投药；亦可裹在面团中投喂。有条件可用投药枪（图 8-10）更为方便。

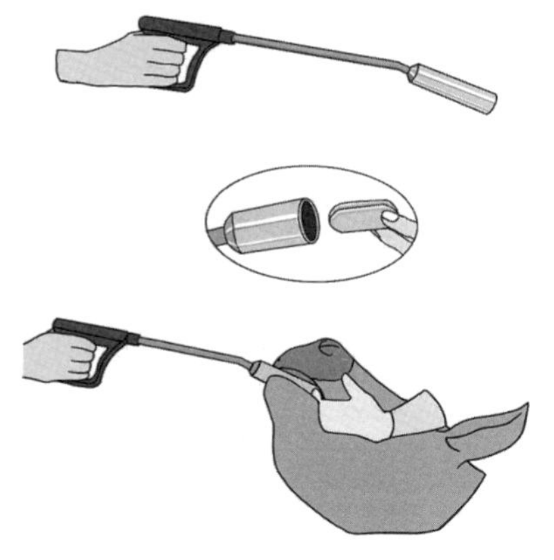

图 8-10　投药枪的正确使用

3. 糊剂 可用灌角，顺口角插入。也可拌面饲喂。

4. 灌肠 直肠深部灌肠可以补充水、盐等物质，还可将对肝脏毒性较大的药物灌入直肠，保护肝脏。

（二）注射法

1. 皮下注射 皮下注射部位常为颈侧。注射时左手食指、拇指捏起皮肤使之成皱襞，右手持注射器，使针头和皮肤呈45°角刺入2～3厘米，将药液注射在皱襞皮下。

2. 肌内注射 由于药物可能对注射部位肌肉造成损伤，影响肉的品质。因此，一般选择价值相对较低的颈侧。调好注射器，抽取所需药液，消毒注射部位，取下针头，准确、迅速地刺向预定部位。待牛安静之后，接上注射器，将药液推入，再次消毒即可（图8-11）。

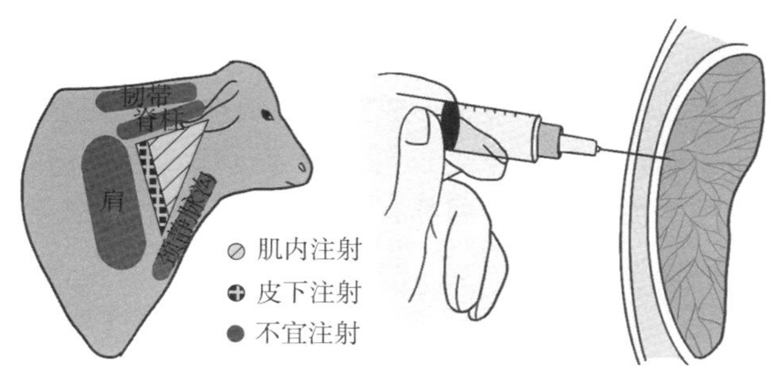

图8-11 肌内注射部位（左）及进针操作（右）

3. 静脉注射 静脉注射部位为左侧或右侧颈静脉沟的上1/3处。固定好牛头，颈部稍偏向一侧。12号或16号针柄套上6厘米左右长的乳胶管，右手持针，左手紧压颈静脉沟的中1/3处，静脉鼓起后，进针部消毒，将针刺入静脉内，如准确无误，血液呈线状流出。术者放开左手，接上注射器或输液管。用输液管输液时，可用夹子将输液管前端固定在颈部皮肤上。

第九章　牛常见疾病防控

一、常见传染病防控

（一）牛炭疽

炭疽芽孢杆菌引起的一种急性、热性、败血性传染病。特征性病变为脾脏急性肿大，皮下和浆膜下结缔组织出血性胶样浸润，口、鼻等天然孔出血，血液凝固不良。

1. 病原　牛炭疽的病原炭疽芽孢杆菌菌体粗大，连成短链或竹节状长链。在环境中形成芽孢后抵抗力变得很强，可存活几十年。病畜尸体、皮毛、骨、角等运输，屠宰场的污水、污物等处理不当，炭疽杆菌都有可能污染土壤，形成芽孢长期呈地方性流行（图 9-1）。

2. 症状　潜伏期 1～5 天，最长 14 天。各种家畜、野生动物和人对牛炭疽芽孢杆菌都易感。家畜中羊、牛、马和鹿最易感，水牛、骆驼次之。猪易感性低，犬、猫和家禽一般不感染。可分最急性、急性和亚急性 3 种类型。

（1）最急性型。突然发病，全身颤抖，站立不稳，倒地昏迷，呼吸、心跳急速，结膜发绀，天然孔出血（图 9-2），数小时内死亡。

（2）急性型。较为常见，体温 40～42℃，精神沉郁，食欲废绝，肌肉震颤，呼吸困难，黏膜发绀或小点出血。初便秘，后腹泻粪便带血，有的尿血。濒死期体温下降，病程 1～2 天。

（3）亚急性型。病程 2～5 天。常在颈、胸、肩、腹下皮

图 9-1　牛感染炭疽示意图

肤松软处和直肠、口黏膜等处发生局限性肿胀，初有热痛、硬固，后热痛消失，最后中心坏死，有时形成溃疡，称炭疽痈。

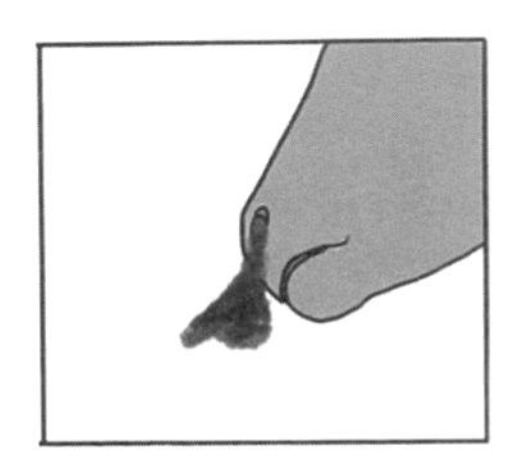

图 9-2　鼻孔出血

3. 诊断　牛炭疽是一种常见的人畜共患病，牛等草食动物和人都容易感染。发现疑似动物病例，应向动物疫病防控机构报告，由专业人员采集病料涂片染色、镜检，通过细菌分离鉴定和 PCR 检测等进行诊断。禁止私自剖检，防止接触感染和病原扩散。

4. 防治　确认疫情后由当地政府启动重大动物疫病应急预案，联合相关部门封锁疫区，扑杀病畜，做好消毒灭源和尸体无害化处理工作，对受威胁动物采取紧急免疫接种。

有牛炭疽流行史的地区每年秋季用无荚膜炭疽芽孢苗免疫接种 1 次。1 岁以内牛每头 0.5 毫升，1 岁以上牛每头 1 毫升，皮下接种。

（二）牛巴氏杆菌病

又称牛出血性败血症，简称“牛出败”，其特征为高热、肺炎、急性胃肠炎及多脏器广泛出血。

1. 病原 多杀性巴氏杆菌感染引起。多杀性巴氏杆菌对理化因素抵抗力不强，自然干燥时很快死亡，热和阳光都能较快杀死本菌。1%石炭酸、5%石灰乳或漂白粉等一般消毒剂杀菌效果良好。

2. 症状 潜伏期1～6天。病初体温高达41～42℃，出现精神沉郁、食欲废绝、反刍停止、脉搏加快、鼻镜干燥等症状。随后表现腹痛、腹泻且粪便混有黏液和血液、呼吸困难、咳嗽、流鼻涕等症状。水样腹泻开始后，体温下降，迅速死亡。颈部、咽喉部、胸前皮下结缔组织出现弥散性、炎性水肿，舌与周围组织肿胀。呼吸高度困难，皮肤与黏膜发绀，多因窒息而死亡。牛巴氏杆菌病的病死率为80%以上。

3. 诊断 当牛出现食欲不振、高热以及鼻流黏脓性分泌物，多发性出血，头、咽喉部肿胀，或剖检发现肺部两侧及前下部出现纤维素性胸膜肺炎等可怀疑为牛巴氏杆菌病。确诊需采集淋巴结、脾等病料进行病原学诊断。

4. 防治 发生本病时应迅速采取消毒、隔离、治疗等措施。

（1）接种氢氧化铝凝胶灭活疫苗，1～2周产生抗体，保护期3～4个月。接种油乳佐剂灭活疫苗，2～3周产生免疫，保护期6～9个月。

（2）病初用高免血清或磺胺类药物有疗效，二者配合使用效果更佳。

（3）严重病例可同时注射青霉素、链霉素、土霉素等抗生素治疗。

（三）牛气肿疽

也称黑腿病，是气肿疽梭菌感染牛引起的一种急性、发热性传染病，以局部骨骼肌出血坏死性炎、皮下和肌间结缔组织出血性炎、炎症组织含气体、按压时有捻发音为特征。

1. 病原 病原为厌氧的气肿疽梭菌，两端钝圆，没有荚膜，可形成芽孢，形成芽孢后抵抗力提高。

2. 症状 病牛是主要传染源，排出的病原菌在环境中可形成芽孢而长期存在，随饲料或饮水进入消化道而感染。2 岁以下的黄牛最易感染。

潜伏期 2～7 天，常呈急性，病程 1～3 天。体温升高、不食、反刍停止、呼吸困难、脉搏快而弱、有跛行。臀、大腿等肌肉丰满部发生肿胀、疼痛（图 9-3）。局部皮肤干硬、黑红，按压有捻发音。病变也可发生于腮部、颊部或舌部。老牛患病时症状较轻。

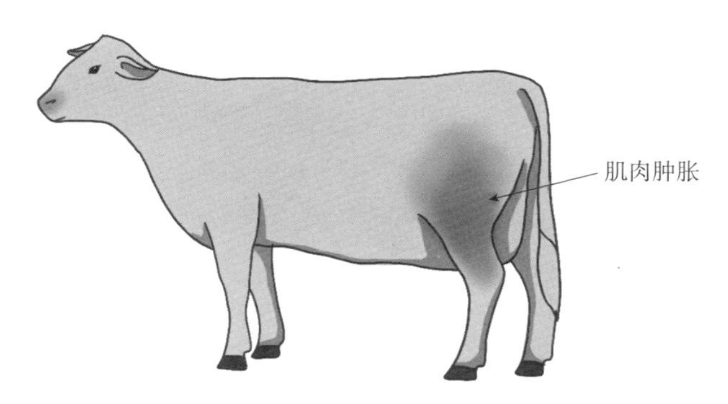

图 9-3 肌肉肿胀

3. 诊断 牛肩、臀、后腿等肌肉丰满部位发生气性、炎性水肿，初期有热痛感，随后变凉，痛感消失。水肿部位皮肤干燥、紧绷、呈紫黑色，按压有捻发音。切开水肿部位肌肉呈海绵状、暗红色坏死时可怀疑为牛气肿疽。确诊需要进行实验室细菌学鉴定。

4. 防治

（1）气肿疽明矾菌疫苗或甲醛菌疫苗皮下注射 5 毫升，春秋两季各注射 1 次。

（2）抗血清 15～20 毫升，皮下、静脉或腹腔注射治疗，同时应用青霉素和四环素，效果更好。

（3）尸体深埋或焚烧，严禁剥皮吃肉。

（4）用具、圈栏与环境用 3%福尔马林或 0.2%氧化汞消毒；污染的饲料、垫草与粪便均应烧毁。

（四）口蹄疫

口蹄疫病毒能引起牛、羊、猪等偶蹄动物的急性、热性、高度接触性传染病。临床特点为口腔黏膜、蹄部与乳房皮肤发生水疱与烂斑（图 9-4）。主要经消化道传染，通过污染的饲料、饮水等侵入机体，传播迅速，常引起大规模流行，造成重大经济损失，是全世界最重要的动物传染病之一。

图 9-4　口蹄疫病变发生部位

1. 病原 口蹄疫病毒有A、O、C型，南非1、2、3型（SAT-1、SAT-2、SAT-3）和亚洲1型（Asia-1）7个血清型。血清型下还可以分亚型，已发现80多个亚型。各型临床表现完全相同，但抗原不同，彼此之间不能交叉免疫。我国流行株为O、A型和亚洲1型。

2. 症状 潜伏期3～7天。病牛体温可达40～41℃，精神沉郁，食欲减退，反刍停止，奶牛产奶减少或停止。在唇内、舌面、齿龈和颊部黏膜，以及蹄部皮肤发生大小不一的水疱，逐渐愈合。如护理不当发生继发感染，可引起深部组织糜烂、化脓和坏死，甚至蹄匣脱落。犊牛可见肌肉颤抖，心跳加快，短时间内死亡（图9-5）。

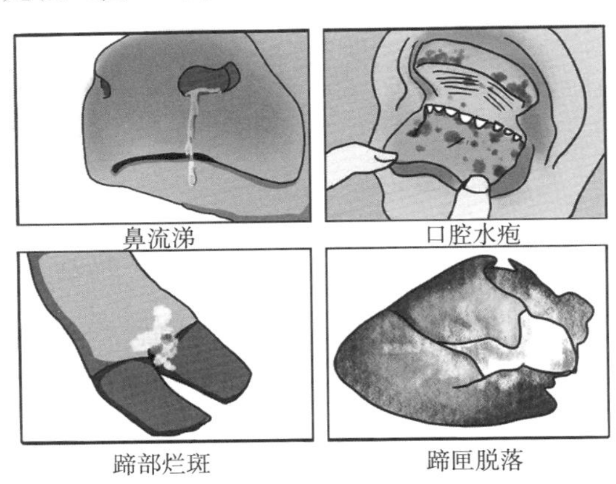

图9-5 口蹄疫临床表现

3. 诊断 牛、羊或猪口腔、乳房以及蹄部出现水泡，继而红肿糜烂，在群体中迅速传播时可初步判断是口蹄疫。发现疑似病例应及时报告当地兽医部门，采样送专业实验室确诊。

4. 防治 口蹄疫是重大动物疫病，确诊后由当地政府启动重大动物疫病应急预案，采取隔离、封锁、扑杀、消毒、尸体焚烧或深埋等扑灭措施。一般用2%氢氧化钠及时清洗污染的场所和用具；病畜粪便、残剩饲料及垫草等堆积发酵或焚烧处理。

口蹄疫是国家强制免疫疾病。《2020年国家动物疫病强制免疫计划》中规定全国牛场均要接种O型疫苗，部分地区如云南、广西等还要接种A型疫苗。

（五）牛结核病

牛结核病是由分枝杆菌引起的一种人畜共患的慢性传染病，以体内各器官、组织，特别是肺部和淋巴结形成干酪样、钙化结核结节为特征。牛型结核杆菌主要侵害牛，其次可侵害人和猪。

1. 病原 分枝杆菌有人结核分枝杆菌、牛分枝杆菌、禽分枝杆菌3种。牛分枝杆菌可以感染牛、人和猪等其他动物（图9-6）。分枝杆菌为好氧菌，环境中生存力较强。在痰液、潮湿环境、粪便、厩肥和土壤中存活6个月以上；直射日光下数小时死亡，巴氏灭菌法消毒牛奶可有效灭菌。常用消毒药为5%来苏尔、克辽林、10%漂白粉、5%甲醛水溶液或5%～10%氢氧化钠溶液。

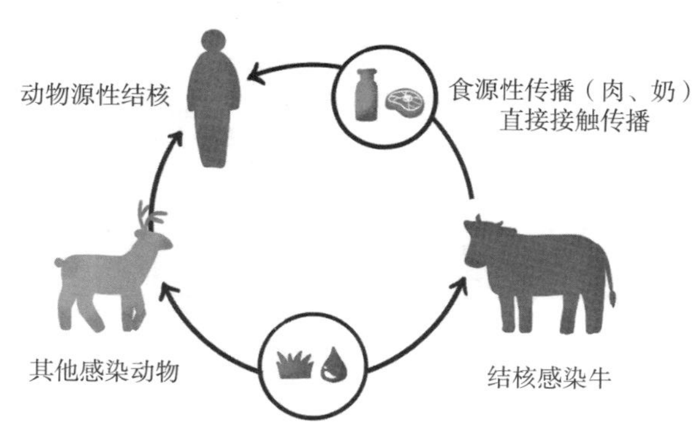

图9-6　结核在动物与人之间传播

2. 症状 潜伏期为10～40天，有的达数月。患牛可见干咳，呼吸次数增加，咳出物呈黏性、脓性、灰黄色，呼气带有腐臭味。听诊有啰音，叩诊呈轻浊音。贫血、产奶量减少。有的牛肩前、腹股沟、颌下、咽、颈部、乳房等处体表淋巴结肿大。消化不良，下痢或便秘交替，受孕困难，流产等。随着病程的增加，病畜逐渐消瘦。

3. 诊断 皮内注射结核菌素法筛查。在颈部上 1/3 处，剪毛，用游标卡尺测量皮厚。酒精消毒，皮内注射结核菌素（PPD）原液（每毫升含 50 000 国际单位结核菌），3 月龄内 0.1 毫升，3～12 月龄 0.15 毫升，12 月龄以上 0.2 毫升。注射后 72 小时观察并测量皮厚差，皮厚差为 4 毫米及以上，或不到 4 毫米，但局部有热、痛及弥漫性水肿，判为阳性；皮厚差为 2～4 毫米，炎性水肿不明显的判为疑似反应；皮厚差 2 毫米以下判为阴性。

4. 防治 牛结核是人畜共患病，污染牛群应实施净化，培育健康牛群。应用牛型结核分枝杆菌素皮内变态反应检测，每次间隔 3 个月，发现阳性牛及时扑杀。犊牛应于 20 日龄时进行第一次检测，100～120 日龄时，进行第二次检测。凡连续 2 次以上检测结果均为阴性者，认为是牛结核病净化群体。牛型结核分枝杆菌 PPD 试验疑似阳性者，42 天后进行复检，结果为阳性，按阳性牛处理；仍呈疑似反应则间隔 42 天再复检 1 次，仍为可疑者，视同阳性牛处理。

（六）牛布鲁氏菌病

布鲁氏菌引起的人畜共患的传染病，常由牛、羊、猪等动物传染给人（图 9-7）。

1. 病原 致病性的菌种有马耳他布鲁氏菌、猪布鲁氏菌等 9 种，种下分生物型，牛常感染流产布鲁氏菌。布鲁氏菌有很强的侵袭力，可从损伤甚至正常的皮肤、黏膜侵入机体。布鲁氏菌对热抵抗力不强，60℃下 30 分钟可杀死。对干燥抵抗力较强，如干燥土壤中，可生存 2 个月以上。在毛、皮中可生存 3～4 个月。对日光照射以及一般消毒剂的抵抗力不强。

2. 症状

（1）主要侵害生殖道，引起子宫、胎膜、关节、睾丸及附

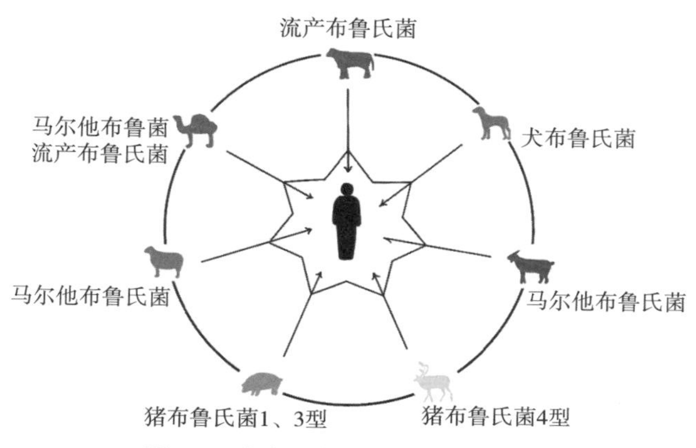

图 9-7　布鲁氏菌病在人畜间的传播

睾的炎症。母牛出现胎衣不下、流产及繁殖障碍等症状。

（2）母牛主要表现流产、死产（图 9-8）。流产多发生在妊娠后第 4～6 个月，产死胎或弱胎。流产后可能出现胎衣不下或子宫内膜炎，阴道内继续排褐色恶臭液体。公牛发生睾丸炎，并失去配种能力（图 9-9）。有的病牛发生关节炎、滑液囊炎、淋巴结炎或脓肿。

图 9-8　怀孕母牛流产、死产

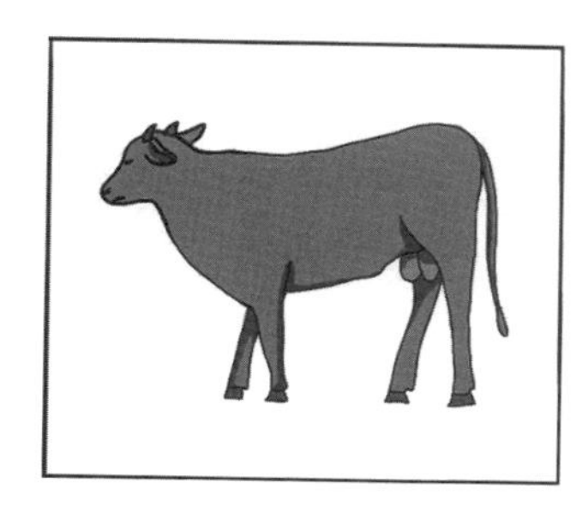

图 9-9　公牛睾丸炎

3. 诊断 当母牛出现群体性流产、死产、胎衣不下和产奶量下降，公牛发生睾丸炎、关节炎、滑液囊炎、淋巴结炎或脓肿时怀疑为牛布鲁氏菌病。确诊需采集流产胎盘等病料分离病原菌或血清凝集试验。

4. 防治 不到疫区买牛，坚持自繁自养，加强饲养管理，搞好杀虫、灭鼠工作，定期检疫，淘汰阳性牛。流产胎儿、胎衣、羊水和阴道分泌物应深埋，被污染的牛舍、工具等用3%～5%来苏尔消毒。做好自身防护，如戴手套、口罩，工作服经常消毒等。

扑杀病牛，禁止治疗。病死牛尸体、流产胎儿、胎衣等要深埋，粪便发酵处理。每年春季或秋季对全群牛进行布鲁氏菌病的筛检，扑杀阳性牛，尸体深埋。每年种公牛配种前，要进行检疫。北方疫区，犊牛于6月龄进行凝集反应试验，阴性个体注射疫苗，1个月后检查抗体，阴性或可疑者进行补种。根据《2020年国家动物疫病强制免疫计划》，牛布鲁氏菌病属于强制免疫对象，需选用国家标准使用的布鲁氏菌病活疫苗A19、S2、M5或M5-90。《国家中长期动物疫病防治规划（2012—2020年）》要求，云南等地属二类地区，原则上不允许接种疫苗。阳性率大于1%的养牛场，可向县级以上兽医主管部门申请免疫。种牛禁止免疫。

（七）牛乳头状瘤

由牛乳头状瘤病毒感染引起牛的头、颈、肩、躯干等处皮肤和消化道、生殖道黏膜出现典型异常赘生物。

1. 病原 牛乳头状瘤病毒分为13个型，是感染牛皮肤、黏膜并引起乳头状瘤病变的一种双链DNA病毒。24月龄内的犊牛、青年牛对牛乳头状瘤最易感。牛乳头状瘤具有一定的传染性，多呈地方性流行。健康牛只的皮肤黏膜破损时，接触到被病毒污染的颈枷、笼头、毛刷、料槽、生产用具等引起发病。

2. 症状　皮肤型纤维乳头瘤常表面粗糙、色白或灰，呈菜花样，与皮肤的分界明显，又称为“疣”，俗称“瘊子”。病初只出现单个小瘤体，全身临床表现不明显，少数个体有自愈现象，容易被畜主忽视。多数病畜随着病情的发展，小瘤体逐渐变大，体表多处出现瘤体，甚至出现瘤体相互融合（图 9-10）。大瘤体因突出于体表，容易受到栏杆、围栏等设施、物体的剐蹭引发出血，继而引发蝇蛆病和感染化脓等，甚至形成经久不愈的瘘。体表有大量瘤体的牛，可因出血过多危及生命。

图 9-10　菜花样瘤

3. 诊断　牛的头、颈、肩、躯干等处皮肤和消化道、生殖道黏膜出现表面粗糙、色白或灰，呈菜花样，与皮肤的分界明显的纤维乳头瘤可基本确诊。

4. 防治　皮肤型纤维乳头瘤的治疗大多采用外科切除、液氮冷冻、烧烙、消毒药或中药制剂涂敷、向疣体注射药物等多种方法，疗效良好。采用摘除瘤体结合外敷消毒药方法，疗效良好，且具有操作简单、出血少、恢复快、经济实用等优点。对于很小的瘤体，用止血钳沿基部直接夹除，用无菌棉球压迫，彻底止血后涂抹上高锰酸钾粉即可；直径在 1～2 厘米的瘤体，先用止血钳在瘤体根部夹住保持 3～5 分钟后，用手术刀沿止血钳前缘切除，在创面涂敷高锰酸钾粉。对于更大的瘤体，按上述方法切除瘤体后，对切口皮肤进行缝合，外敷高锰酸钾粉，5～7 天后拆线（图 9-11、图 9-12）。

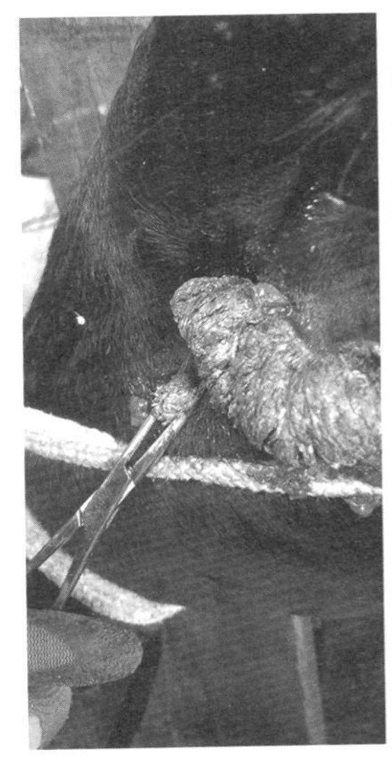

找准瘤体

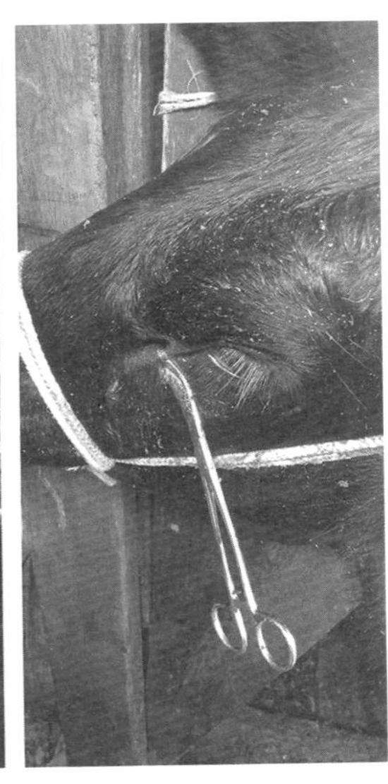

直接夹除

图 9-11 面部小瘤体切除前后

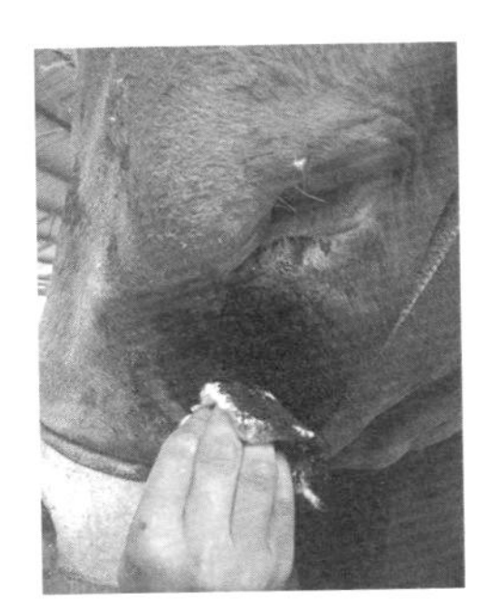

图 9-12 瘤体切除后创口涂抹高锰酸钾粉

预防为主，防治结合。早期治疗简单易行，疗效良好，无须特殊护理。观察牛群，及时发现病畜并予以隔离治疗。对被病畜污染过的用具、圈舍等进行严格的消毒处理。

二、常见寄生虫病防控

肉牛常见的寄生虫有牛皮蝇、蜱、螨等体表寄生虫，以及蛔虫、绦虫、肝片吸虫、血吸虫等体内寄生虫（图 9-13）。根据寄生部位分为体表寄生虫和体内寄生虫。寄生虫感染会降低饲料报酬、影响生长发育、降低生产性能、引起死亡等，最终给肉牛养殖带来经济损失。

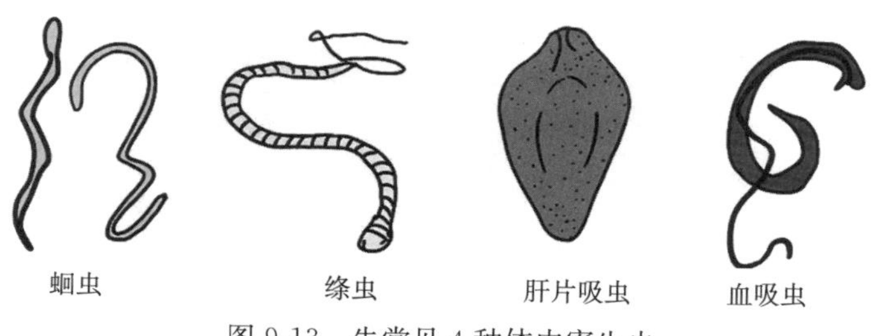

图 9-13　牛常见 4 种体内寄生虫

（一）牛皮蝇蛆病

牛皮蝇、纹皮蝇和中华皮蝇等几种皮蝇的幼虫寄生于皮下组织，引起慢性疾病。幼虫钻进牛皮和皮下组织移行时，引起局部瘙痒、疼痛和不安。幼虫移行到背部皮下，局部隆起，皮肤穿孔，流出血液或脓汁。我国西北、东北地区以及内蒙古和西藏等地严重流行，其他地区也时有发生。

1. 病原与生活史　牛皮蝇生长过程可分卵、幼虫、蛹和成蝇 4 个阶段，其中幼虫阶段又可分为 3 期。卵经 4～7 天孵出 1 期幼虫，有 12 节、半透明状，新月状口钩前端分叉，后端有 2 个点状气孔。1 期幼虫由毛囊钻入皮下，约 5 个月移行至宿主腰椎管硬膜外脂肪层发育成 2 期幼虫。钻入皮肤和移行的过程中造成牛皮肤等组织损伤，牛出现疼痛、瘙痒、紧张不安等症状。2 期幼虫通过椎间孔移行至宿主背、腰和尻部皮下等处发育成棕褐色 3 期幼虫（图 9-14）。当移至背部皮下时，引发寄生部位结缔组织增生而呈肿瘤状隆起。

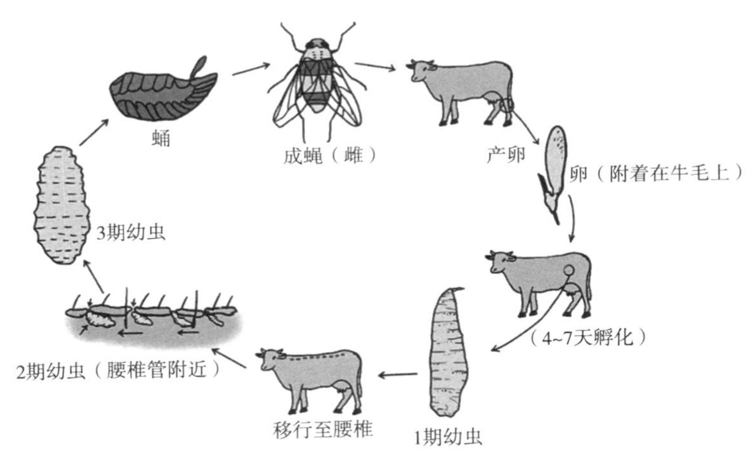

图 9-14　牛皮蝇生活史

2. 症状　幼虫在皮下组织穿行时，可引起瘤状肿块及蜂窝织炎，致使皮肤隆起、粗糙不平。最后虫体进入皮下组织，形成较大的硬结节。结节通常开口于皮肤表面，引起化脓，形成瘘管，挤压结节，成熟的虫体可钻出并流出脓液。

3. 诊断　放牧牛群多发，舍饲牛较少发生。牛背部皮肤、皮下有隆起、粗糙不平的结节，挤压可见牛皮蝇虫体，结合流行病学资料可确诊。

4. 防治　每年 5～7 月，牛体喷洒 0.005%溴氰菊酯，防止皮蝇产卵。针对体内幼虫，可手工挤出幼虫处死，伤口涂上碘酊。每千克体重肌内注射 5 毫克倍硫磷，或在秋冬季按每千克体重肌内注射 5 毫克蝇毒磷预防。

（二）螨病

疥螨、痒螨寄生在体表而引起的慢性皮肤病，表现为瘙痒、脱毛、出血、结痂。螨病一般发生在秋末、冬季及初春。具有高度传染性，危害严重。

1. 病原与生活史　包括疥螨、痒螨和足螨。健康牛接触过被污染的牛舍栏杆、食槽、运动场等可感染，犊牛和营养不良的牛只最易感。疥螨在宿主的皮肤内挖掘通道，产卵、发育及繁殖。雄螨与雌螨在宿主表皮上进行交配，交配不久后雄螨死亡。雌螨在通道内2～3天繁殖1次，每次可产卵30～50枚。

2. 症状　牛的头部、面部、颈部两侧脱毛、剧痒。由于蹭痒或啃咬，患部皮肤出现结节、丘疹、水泡甚至脓包，之后形成痂皮和龟裂，造成被毛脱落，炎症可不断向周围皮肤蔓延。患牛食欲减退，渐进性消瘦，生长停滞。

3. 诊断　根据发病季节、症状、病变和虫体检查可确诊。虫体检查时，从皮肤患部与健部交界处刮取皮屑置载玻片上，滴加50%甘油水溶液，镜下检查。需注意与湿疹、虱性皮炎和牛钱癣病进行鉴别。

（1）湿疹。无传染性，无痒感，冬季少发。坏死皮屑检查无虫体。

（2）虱性皮炎。脱屑、脱毛程度都不如螨病严重，可检出虱和虱卵。

（3）牛钱癣病。病原体是疣毛癣菌、须毛癣菌和马毛癣菌。钱癣病常发生于牛的头部、颈部。病初全身各部位出现豌豆大小结节，并逐步扩展，出现灰白色或黄色鳞屑癣斑，由硬币至手掌大，痂皮增厚，被毛脱落。眼睛周围的小病灶常常融合一起形成大病灶，即是所谓的“眼镜框”现象。由于覆盖层痂皮增厚，像贴在面部的面团，因此，“面团嘴脸”也是主要的临床特征。

4. 防治　用0.005%氯氰菊酯喷洒或涂擦。严重者注射伊维菌素，按每千克体重0.2毫克皮下注射。也可剪除患部被毛，肥皂水清洗后，用5%敌百虫溶液或来苏儿与温水按1∶20配制溶液涂抹。

（三）牛肝片形吸虫病

肝片形吸虫和大片形吸虫寄生于牛、羊等反刍动物的肝脏和胆管引起疾病。成虫产卵随粪便排出体外，水中经10～25天孵化为毛蚴。钻入中间宿主成胞蚴，通过无性繁殖，产生雷蚴，发育成子雷蚴或尾蚴。每个毛蚴在螺体内可产生数百个甚至上千个尾蚴，尾蚴2小时内在水中或植物上变成囊蚴。家畜吞食了含囊蚴的水草后，囊蚴穿过肠壁或钻入肠壁静脉或从十二指肠的胆管开口处进入肝脏胆管。在牛或羊体内，经过3～4个月发育成熟，寿命3～5年（图9-15）。

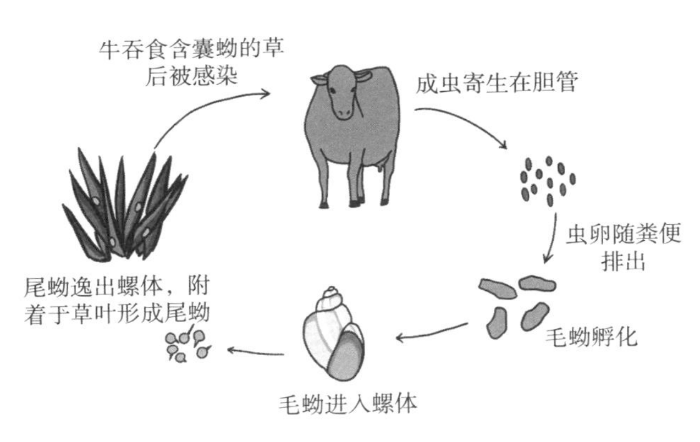

图9-15　肝片吸虫生活史

1. 病原与生活史　虫形片状，瓜籽或蚕豆大小，颜色如肝（图9-16），可在牛肝及胆管中寄生3～5年之久，常引起牛慢性消化不良，贫血、消瘦、皮肤干燥、被毛粗乱、眼睛发黄，颈、胸或腹部皮下出现水肿，衰弱无力等症状，从而影响牛的役力和繁殖性能。

2. 症状　病牛主要表现为消化障碍、腹下水肿、贫血及消瘦；急性型病牛体温会升高、腹泻、食欲减退，走路蹒跚，并伴发卡他性肠炎等。剖检可见肝脏肿大充血，胆囊充盈，管壁增厚并纤维化、钙化，沿着肝道、胆管切开，可见有污浊稠厚的棕褐色液体以及大量棕褐色扁平柳叶状的虫体。肝脏表面凹凸不平且散布大小不一的黄白色结节，被膜下可见虫体移行的虫道。

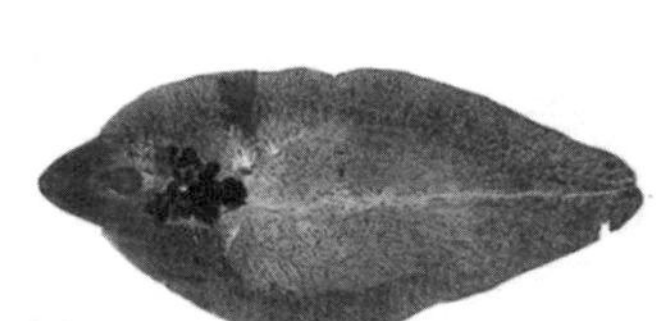
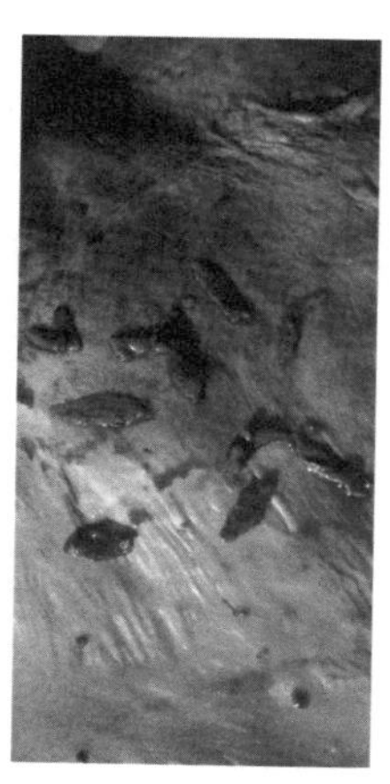

图 9-16　肝片吸虫成虫

3. 诊断　感染初期临床症状往往不明显，需实验室诊断。采集病死犊牛肝脏和胆管内扁平柳叶状的褐色虫体，低倍显微镜下可见虫体表面有很多小刺，头锥前端存在口吸盘。或采集新鲜粪便显微镜下观察、鉴定虫卵。

4. 防治　常用的驱虫药有硝氯酚（按每千克体重 4～5 毫克的剂量，1 次灌服，驱除成虫）、三氯苯唑（按每千克体重 12 毫克的剂量，1 次灌服，驱除不同阶段的寄生虫）、溴酚磷（按每千克体重 12 毫克的剂量，1 次灌服，驱除成虫和幼虫）、丙硫苯咪唑（按每千克体重 15～25 毫克的剂量，1 次灌服，驱除成虫和幼虫）、双乙酰氨苯氧醚（按每千克体重 100 毫克的剂量灌服，驱除幼虫）、氯氰碘柳胺（按每千克体重 7.5 毫克的剂量，1 次灌服，驱除成虫和幼虫）等，牛场可选择其中一种或几种进行治疗。

预防要做好定期驱虫、灭螺，加强饲养管理等工作。

（四）原虫病

原虫大小 1～30 微米，圆形、卵圆形、柳叶形或不规则等形状，寄生于动物的腔道、体液、组织和细胞内。有记录的原虫 65 000 种中 10 000 多种生活方式为营寄生。牛常见的原虫病有伊氏锥虫病、巴贝斯虫病、泰勒虫病、球虫病、毛滴虫病等。

1. 牛泰勒虫病　泰勒属的原虫寄生于牛的巨噬细胞、淋巴细胞和红细胞内引起的疾病。主要特征为高热稽留、贫血、黄染和体表淋巴结肿大。发病率和死亡率都很高。

（1）病原与生活史。牛是泰勒虫的中间宿主，虫体在牛体内进行无性繁殖；蜱是终末宿主，虫体在蜱体内进行有性繁殖（图 9-17）。

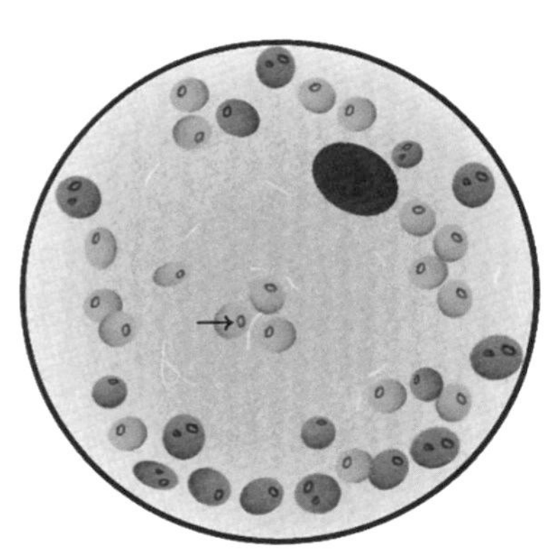

图 9-17　淋巴细胞内泰勒虫裂殖体

（2）症状。多呈急性。病初高热稽留，肩前、腹股沟浅表淋巴结肿大，有痛感。眼结膜初期充血、肿胀，后贫血黄染。

中后期在可视黏膜、肛门、阴门、尾根及阴囊等处有出血点或出血斑。迅速消瘦，严重贫血，红细胞数每立方毫米 300 万个以下，血红蛋白降 30%，血沉加快。剖检皮下、肌间、黏膜和浆膜上有大量出血点或出血斑。全身淋巴结肿大，切面多汁，有暗红色和灰白色大小不一的结节。皱胃黏膜肿胀，有黄白色结节，结节坏死、糜烂后形成中央凹陷、边缘不整且稍微隆起溃疡灶。脾脏肿大，被膜有出血点，脾髓质软呈黑糊状。

（3）诊断。根据流行病学、症状、病变，以及淋巴结穿刺液涂片和血涂片检查发现泰勒虫可确诊。

（4）防治。三氮脒（贝尼尔，血虫净）按每千克体重 5～7 毫克配成溶液肌内注射，每日 1 次，连用 3 天。黄色素（锥黄素）按每千克体重 3～4 毫克，配制成 0.5%～1%溶液缓慢静脉注射。

三氮脒也可用于预防，按每千克体重 2～3 毫克配成溶液肌内注射。牛环形泰勒虫裂殖体胶冻细胞苗，接种后 20 天可产生免疫力。

2. 牛梨形虫病　一种血液原虫病，又称巴贝斯虫病，以高热、贫血、黄疸及血红蛋白尿为特征。自然病例常与其他血孢子虫病和边缘无浆体病混合感染，极少为单一病例。

（1）病原与生活史。牛巴贝斯虫寄生于牛的红细胞内，是一种小型的虫体，有较强的致病性，其长度小于红细胞；形态有梨籽形、椭圆形、边虫形或不规则。典型形态为双梨籽形，其尖端以钝角相连，多位于红细胞的边缘。通过硬蜱传播，呈季节性发病（图 9-18）。

（2）症状。高热稽留，便秘或腹泻，排出黑褐色、恶臭粪便，泌乳减少或停止，流产。迅速消瘦、贫血、黏膜苍白或黄染，血红蛋白尿，死亡率 50%以上。皮下组织、脂肪黄染和水肿，脾肿大、质软，有时发生脾破裂。组织病理学观察可见

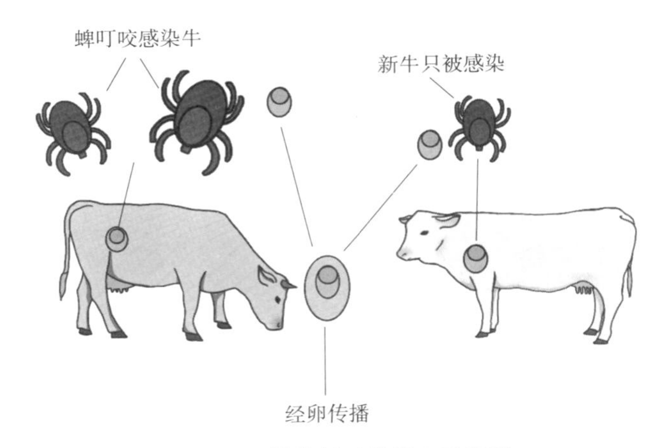

图 9-18 蜱传播巴贝斯虫示意图

肝、肾与心脏颗粒变性，脾红髓含铁血黄素沉着，白髓缩小或消失，有的周围有较多中性粒细胞浸润。

（3）诊断。根据流行特点、症状和病理变化可初步诊断，确诊必须在血液涂片中观察到牛巴贝斯虫的虫体。

（4）防治。黄色素（锥黄素）按每千克体重 3～4 毫克（每头牛不超过 2 克），用生理盐水配成 1%溶液，静脉注射。三氮脒（贝尼尔）按每千克体重 3～4 毫克，用生理盐水配成 5%溶液，深部肌内注射。预防本病主要做好定期灭蜱工作。

（五）牛绦虫病

牛绦虫病是由裸头科的莫尼茨属（图 9-19）、曲子官属及无卵黄腺属的各种绦虫寄生于牛小肠中引起，对犊牛危害严重，可导致精神不振、食欲减退和发育不良。感染严重时，会在粪便中发现混有成熟的绦虫节片，出现贫血、回旋运动或痉挛，甚至出现死亡。

1. 病原与生活史 牛是终末宿主，体内成虫将卵随粪便排出体外，被中间宿主地螨吞食，发育为感染性似囊尾蚴，健康牛吞食了含似囊尾蚴的地螨而感染。牛囊尾蚴呈灰白色、半透明的囊泡状，囊内充满液体。囊壁一端有一内陷的粟粒大的头节，直径约 1.5～2 毫米，其上有 4 个吸盘，无顶突和小钩。

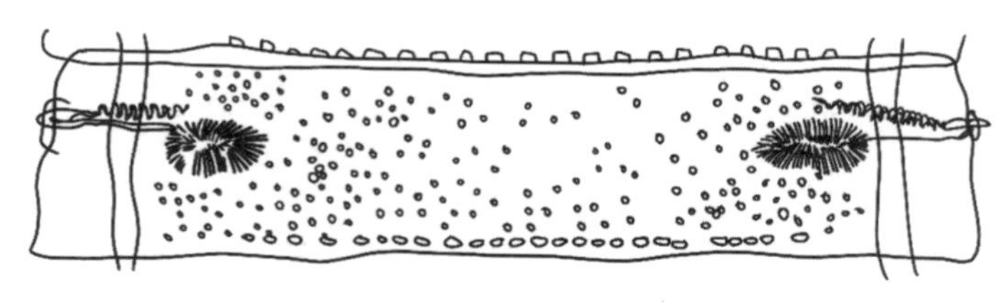

图 9-19　莫尼茨绦虫成节

2. 症状　成年牛一般无症状，犊牛可表现消瘦、贫血，粪便变软或腹泻。

3. 诊断　实验室诊断采集新鲜粪便镜检，可见活动性、白色的孕节片。牛囊尾蚴与猪囊尾蚴外形相似，囊泡为白色的椭圆形，大小如黄豆粒，囊内充满液体，囊壁上附着无钩绦虫的头节，头节上有 4 个吸盘，但无顶突和小钩。牛囊尾蚴寄生在牛的咬肌、颈部肌肉、心肌和膈肌等部位。

4. 防治　用硫双二氯酚拌入饲料，每天 1 次，连续喂食 2～3 天；用吡喹酮、丙硫咪唑等药物进行治疗；加强粪便管理，防止污染环境，如将牛粪便沤肥 2～3 个月或将其集中堆积发酵消灭虫卵；加强肉品检疫和健康教育，改变吃生牛肉的习惯，防止牛绦虫病感染人。

三、常见牛内、外、产科病防治

（一）瘤胃臌气

1. 病因　因采食了大量容易发酵的豆科鲜草、发酵青草或霜冻、霉烂、带露水的草等，在牛瘤胃内迅速发酵，产生大量的气体引起瘤胃和网胃急剧膨胀。

2. 诊断　病牛出现呆立拱背、呼吸困难，腹部急性膨大，左侧大于右侧，反刍停止，重症后期口吐白沫，严重时窒息死亡等表现可判定为瘤胃臌气。

3. 治疗 止酵、排气。用花生油 250 毫升灌服，或 75%酒精 10 毫升和鱼石脂 5 克加水 1 次灌服，同时用手按摩左腹部帮助排出气体。

病情危急者，用胃管或套管针（图 9-20）穿刺缓慢放气。瘤胃位于左侧肷窝部（图 9-21）。左侧髋结节向最后肋骨所引的水平线终点，在左肷部臌气最高处，将套管针插入，拔除针芯自动排气，有堵塞时，用针芯疏通排气。也可经套管向瘤胃内注射 0.25%普鲁卡因注射液和消气灵止酵，每次 50～100 毫升。

图 9-20 兽用套管针

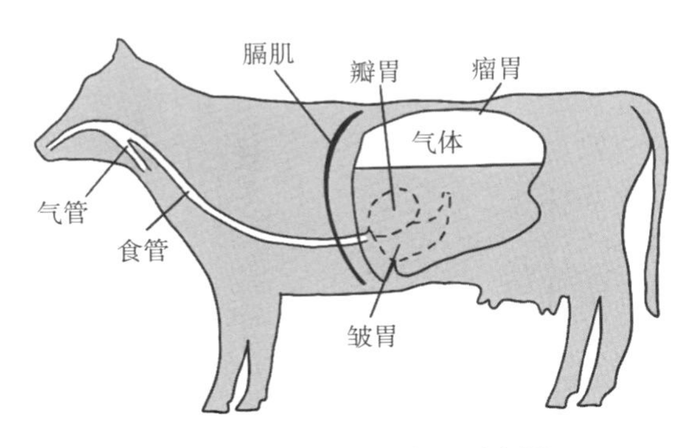

图 9-21 瘤胃臌气位置示意图

（二）创伤性网胃炎

1. 病因　因采食混在饲料中的金属异物，引发网胃创伤性疾病。有时异物将网胃刺伤，穿透膈肌伤及心包，将导致创伤性心包炎。

2. 诊断　临床病牛出现被毛干枯粗乱，站立时肘头外展，肘肌颤抖，不愿卧地、转弯，痛苦呻吟。用拳顶压网胃区时，有疼痛反应，抗拒检查，躲闪呻吟。听诊网胃蠕动音减弱，次数明显减少。

血液检查白细胞总数增多，嗜中性粒细胞减少，核型左移。用金属异物探测器对网胃区进行探测，提示网胃内有金属异物。根据病史、临床症状和探测结果可确诊。

3. 治疗　用强力牛胃取铁器由口腔插入胃内吸出铁器，或切开瘤胃取出异物。疑似病例应尽早采取探查手术，六柱栏内站立保定，选择左肷部靠肋弓处为手术切口，剪毛消毒，切口处用20～50毫升普鲁卡因浸润麻醉，切透腹壁，入手探查网胃与膈交界处，确定异物位置，根据临床实践，外部症状出现期，恰好是异物达到网胃与膈肌交界处时期，触及异物小心取出，创伤处涂布油剂青霉素。如金属异物仍在网胃内，且已造成胃壁损伤者，通过探查确定部位，扩大创口选择合适的瘤胃切口，取出异物。

在治疗过程中，适当提高牛前肢的高度，可减少网胃压力，降低治疗难度。如果金属异物不再移行，使用阿莫西林、林可霉素、青霉素以及磺胺类药物等进行抗菌消炎，配合葡萄糖、生理盐水等补液。

（三）难产

1. 病因　母牛分娩时生产困难，胎儿不能顺利产下称为难产。难产的病因很多，母牛分娩无力、生殖系统发育不良、盆腔狭窄、子宫捻转或子宫颈狭窄；胎儿姿势或胎位异常、胎儿过大、胎位不正等都会导致难产。

2. 诊断　难产分胎儿性难产、母体产道性难产和母体产力性难产。处理前应认真检查胎儿的存活情况、大小和产道是否相适应；检查胎儿的姿势、位置、方向，有无异常和畸形；检查产道有无异常（图 9-22）；认真检查母牛健康状况，评估实施手术的可能性。

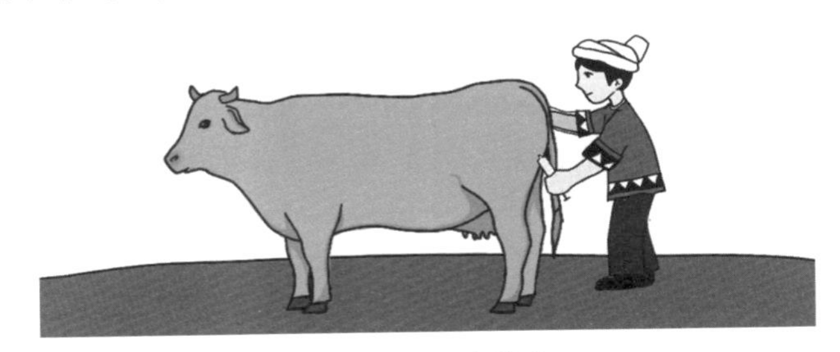

图 9-22　难产检查

3. 治疗　按照母牛难产程度以及体况，确定应进行胎儿牵引、胎儿矫正、截胎、母体翻转或剖宫产。如果胎儿不正，应当将胎儿推回到子宫腔内，重新校正胎位，注意动作要轻柔缓慢。对胎儿进行牵引时，注意力度，与母牛的努责相配合，避免对母牛产道造成损伤。当胎儿的双后肢、双前肢以及尾巴充分暴露时，手术者将胎儿平稳抱起，慢慢拉出（图 9-23）。拉出胎儿后，清理母牛子宫内的淤血、胎衣碎片，用 0.9%生理盐水冲洗，涂抹抗生素粉，避免产后感染。若产道干燥，可选择注入液体石蜡润滑，保护黏膜。

助产后要预防感染。产犊后用 0.1%新洁尔灭溶液或高锰酸钾溶液冲洗产道及阴户周围，也可用青霉素粉或土霉素粉撒入产道。如有出血，可肌内注射麦角新碱或止血药。胎衣滞留时，按胎衣不下治疗。加强产后护理，多喂易消化、营养丰富的青嫩草料。

（四）产道脱出

产道脱出也称为阴道脱出，是牛养殖中的一种常见生殖系

图 9-23　助　产

注：左图为头颈侧弯导致的难产，用绳子系胎儿前肢，牵引助产；右图为将刚出生犊牛倒立，使口、鼻中的黏液自然流出，防止窒息

统疾病，主要表现为部分或全部脱出。

1. 病因　产道脱出常发生于牛妊娠的中后期，由于胎儿不断增大，母牛腹部压力显著增大，在卧地时容易将产道挤出阴门外。

2. 诊断　患病牛卧地后从阴道中排出鹅蛋到拳头大小粉红色的瘤状物，位于阴唇两侧，或者脱落到阴门外（图 9-24）。阴道完全脱出后，外侧会垂出一囊状物，部分产道因为发炎的刺激引起努责，导致脱出的产道越来越多，甚至完全脱出。患病牛精神不安，不停拱背努责，频繁做排尿姿势。当出现炎症和产道损伤后，引发产前持续性努责，严重的会导致直肠脱出，胎儿死亡。

3. 防治　进行肠道整复治疗。助手将患病牛的尾巴拉向一侧，手术操作人员做好手臂的卫生消毒，然后使用消毒的清洁纱布，将脱出的阴道包裹住，五指并拢轻轻按压脱出的阴道，在牛努责停止时，借机将产道推入腹腔中，在阴道口两侧各缝合 3～5 针防止再脱出（图 9-25）。

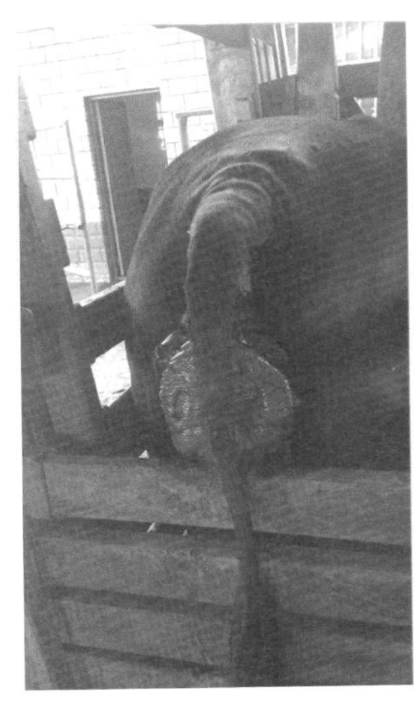
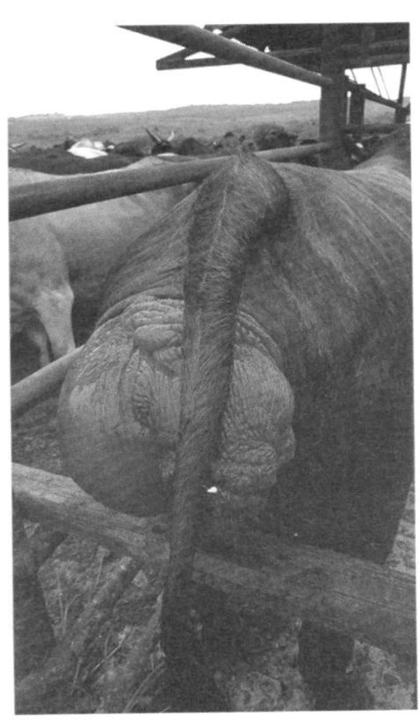

图 9-24 牛产道脱出

加强繁殖母牛的饲养管理，保证饲料营养全面，环境清洁卫生，母牛活动空间充足，可有效降低本病的发生，提高养殖效益。

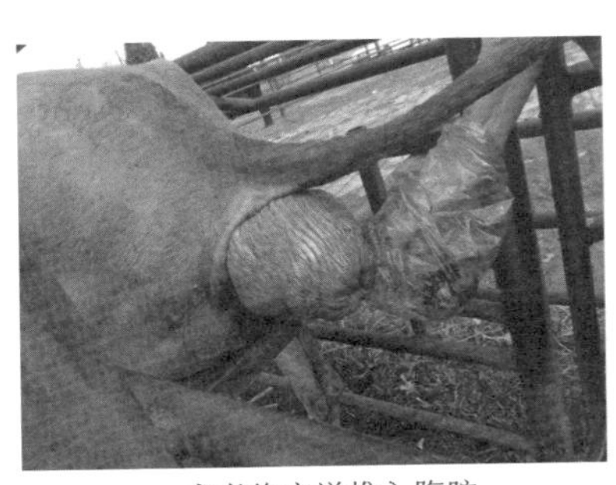

术者将产道推入腹腔

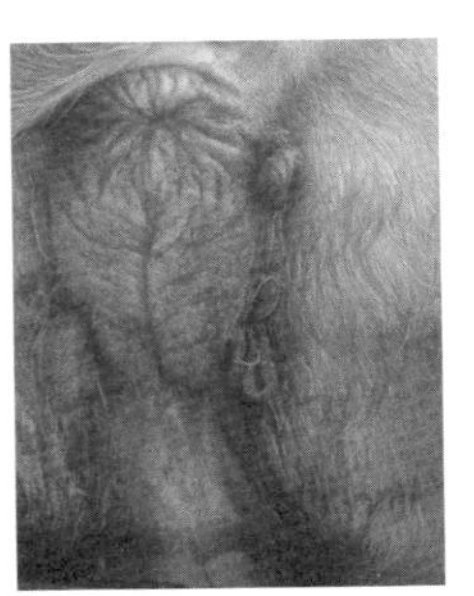

阴道两侧缝合固定

图 9-25 产道整复

四、常见中毒病与代谢病防治

（一）有机磷中毒

1. 病因　一般在春季和夏季多发。牛场运输饲料的交通工具或用具受到甲胺磷、甲拌磷等有机农药的污染；农药喷洒不慎，对牧草、水源等造成污染；驱虫药或灭鼠、灭蚊药等药剂对食槽造成污染，牛误食或接触后导致中毒。

2. 症状　发病突然，患牛兴奋不安，心跳、脉搏增快，呼吸困难，口吐白沫，腹痛、腹泻，分泌物带血，出现癫痫样搐搦，最后因呼吸中枢麻痹而死亡。

3. 诊断　结合牛中毒病的典型症状，根据误食有机磷的暴露史，做出初步判断。实验室对毒物和血清胆碱酯酶活性进行分析后确诊。

4. 防治　立即停用含有机磷的饮水或饲料，如果是体表驱虫药物中毒，用清水对用药部位进行彻底的清洗，并使用10～50毫克阿托品进行肌内注射，每天注射2～3次，持续1～2天。5%的葡萄糖注射液中按每千克体重20～50毫克溶入解磷定，皮下或静脉注射。对于呼吸困难、口吐白沫的病例，及时注射适量的葡萄糖；腹泻或体温升高的可以使用安乃近降温并使用庆大霉素和氨苄西林进行消炎处理。

（二）牛亚硝酸盐中毒

1. 病因　因摄入过量含亚硝酸盐的水或饲料所致，也有放养食入富含亚硝酸盐的小麦苗、嫩玉米苗或燕麦草等引发的情况。各年龄段的牛都可发病。

2. 症状　摄入30分钟左右发病。牛全身发紫，肌肉战栗、四肢无力、流涎、呕吐、出血为酱油色。如果中毒程度较轻，表现症状也比较轻，常在呕吐后即自行康复。

3. 诊断　检查血液中的血红蛋白以及饲料当中的亚硝酸盐含量，可以确诊。

4. 防治　立即停止使用含亚硝酸盐的饮水或饲料，用硫酸铜及时催吐，1%亚甲蓝注射液按每千克体重 8 毫克静脉注射，或每千克体重 5 毫克 5%甲苯胺蓝液肌内注射或静脉注射，配合维生素 C 注射液使用。其间，可同时在牛的尾尖、耳尖部位放血。如果病牛有心衰，使用 10%安钠咖进行强心；呼吸困难病例可用尼可刹米，急救用肾上腺素。

（三）尿素中毒

1. 病因　肉牛常饲喂尿素补充饲料蛋白，可促进生长，提高饲料报酬，节约养殖成本。如果饲喂方法、剂量或者饲料比例不合理或偷食尿素等，导致牛胃内存在大量的有害氨被机体吸收，从而发生尿素中毒。

2. 症状　同群牛因摄入量差异表现出不同的症状，采食快、摄入青贮料多的个体首先发病。发病初期肉牛精神异常兴奋，频繁空嚼、喷出气体、摇头、奔跑或哞叫，心跳加快，心率每分钟 140 次以上。随着病程的发展，病牛表现出口角流涎，四肢僵硬，行走时后肢蹄尖刮地，步态不稳似醉酒状；背部、臀部肌肉抖动；反刍停止，鼻镜龟裂，有的病例出现瘤胃臌气；严重的病例双目怒睁、眼球突出，卧地不起，肛门松弛、大小便失禁，触诊体表感觉体温偏低。

3. 诊断　根据临床症状，查找误食尿素证据可确诊。

4. 防治　立即停喂尿素，灌服 500～1 000 毫升食用醋。严重病例用 10%葡萄糖 800～1 000 毫升、10%硫代硫酸钠 100～200 毫升、10%葡萄糖酸钙 300～500 毫升静脉注射。出现肌肉抽搐时可肌内注射苯巴比妥，呼吸困难时肌内注射盐酸麻黄碱 50～300 毫克缓解病情。

尿素添加量严格控制在日粮的 1%左右。初次饲喂添加量要少，后逐渐增加。饲喂时应将尿素均匀地搅拌在饲料中。注意尿素不能溶于水饲喂，饲喂尿素后半小时内不能饮水。

（四）酒糟中毒

1. 病因　酒糟属于酿酒副产品，具有较高的蛋白质、脂肪等营养物质，其质地较为柔软、适口性较好，价格低廉可提高养殖效益。为此，很多肉牛养殖场选择将酒糟作为饲料，可有效地节省饲料成本。然而，在实际生产中，常常会发生肉牛酒糟中毒，导致肉牛的生产性能严重下降，甚至会出现中毒死亡的情况，给养殖场带来不可估量的损失。

2. 症状　酒糟中毒牛表现为食欲减退，严重时食欲废绝，并伴有腹泻、脱水、心跳加快、倒地不起、四肢绵软、烦躁不安、眼窝凹陷等症状，其中母牛发病容易造成流产且身体消瘦，影响配种。病情较为严重的全身出现皮炎，最终衰竭而死。

3. 诊断　根据临床症状，结合酒糟采食情况可确诊。

4. 防治　立即停止饲喂酒糟，给予优质的干草。食用过量酒糟的肉牛，严格遵循药物治疗原则，解除脱水、解毒、镇静。用1%碳酸氢钠液500毫升1次灌服。肌内注射安钠咖10毫升，同时静脉注射10%葡萄糖氯化钠2 000毫升，每天输液1次，连用3天。

用新鲜酒糟饲喂时应控制用量，搭配饲喂，酒糟比例不宜超过日粮的30%，开始时喂少一点，逐渐增加。对轻度酸败酒糟可加石灰水，严重发霉变质的应废弃。

（五）新生犊牛低镁血症

以感观过敏、共济失调、全身肌肉搐搦、惊厥为特征。

1. 病因　病因常为生长旺盛的牧草中镁含量低，导致牛摄入镁的量减少，使牛发生急性低镁血症，引起牛突然死亡。

2. 症状　犊牛在出生后3～5天内表现四肢关节不灵活，后肢无力，倚靠母牛站立（图9-26）或站立时四肢僵直、拱背、走路摇摆、人工辅助下仍行走困难（图9-27）。病犊体温正常，人工辅助时哺乳、吮吸正常。

图 9-26 病犊后肢无力，倚靠母牛站立

图 9-27 病犊人工辅助下困难行走

3. 诊断 新生犊牛出生后 7 天内，出现站立、行走困难，采血送检血清镁浓度每 100 毫升低于 0.9 毫克，确诊为低镁血症。

4. 防治 200 毫升 25%葡萄糖注射液加入 40 毫升 10%硫酸镁溶液缓慢静脉输液，2 小时后，用 300 毫升 25%葡萄糖注射液加 1 克氯化钙、3 毫升维生素 B_{12} 注射液，再用 10 毫升维生素 C 注射液，用 300 毫升 25%葡萄糖注射液稀释后缓慢静脉输液；最后用 100 毫升 25%葡萄糖注射液加入 20 毫升 10%硫酸镁静脉输液，连续用药 2 天。

全牛群每周 2 次补饲矿物质舔砖或矿盐。母牛群日粮中补充矿物质添加剂。

参考文献

阿依努尔·努尔达吾列提，2015. 病牛常用的保定及注射方法 [J]. 现代畜牧科技 (9)：143.

褚仁忠，董玉峰，刘吉山，等，2017. 消毒在标准化肉牛场生物安全体系的应用 [J]. 山东畜牧兽医，38 (11)：56-57.

杜富，2015. 牛病的临床检查内容 [J]. 黑龙江动物繁殖，23 (6)：36-38.

高爱芸，2013. 肉牛常见原虫病的症状及防治 [J]. 畜牧与饲料科学，34 (3)：116-118.

贺德聪，2017. 导致牛难产的原因与治疗方法 [J]. 饲料博览 (3)：52.

李静霞，2013. 牛的保定 [J]. 养殖技术顾问 (6)：118.

雷踊林，张海萍，蒋文发，2017. 牛尿素中毒的治疗方法和体会 [J]. 当代畜牧 (27)：20-21.

穆立涛，2015. 牛创伤性网胃炎的诊治 [J]. 山东畜牧兽医，36 (11)：86-87.

王凤峻，2013. 育肥牛的驱虫健胃法 [J]. 畜牧兽医科技信息 (5)：40-41.

汪士龙，2019. 牛产道脱出整复治疗 [J]. 畜牧兽医科学 (16)：120-121.

周厚品，2018. 常见牛中毒病的鉴别诊断和治疗 [J]. 中国畜牧兽医文摘，34 (5)：191-192.

赵君明，2017. 牛场建造与牛病的防控 [J]. 当代畜禽养殖业 (4)：22.